本書の特長と使い方

本書は，各単元の最重要ポイントを確認し，基本的な問題を何度も繰り返して解くことを通して，中学数学の基礎を徹底的に固めることを目的として作られた問題集です。

1単元2ページの構成です。

ボクの一言ポイントにも注目だよ！
数犬チャ太郎

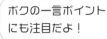

❶

✓チェックしよう！

それぞれ
めていま
があり，
ポイント

ここから解説動画が見られます。
くわしくは2ページへ

❷

確認問題

✓チェックしよう！を覚えられたか，確認する問題です。

👆覚えよう でまとめているポイントごとに確認することができます。

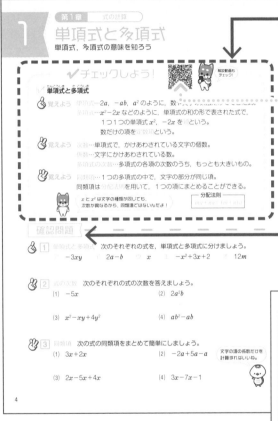

❸

練習問題

いろいろなパターンで練習する問題です。つまずいたら，✓チェックしよう！や 確認問題 に戻ろう！

ヒントを出したり，解説したりするよ！

かっぱ

❹

↗ステップアップ

少し発展的な問題です。

使い方はカンタン！ ITC コンテンツを活用しよう！

本書には，QRコードを読み取るだけで見られる解説動画がついています。
「具体的な解き方がわからない…」そんなときは，解説動画を見てみましょう。

▶ 解説動画を見よう

1 各ページの QR コードを読み取る

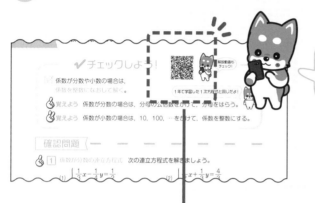

スマホでもタブレットでもOK！
PCからは下のURLからアクセスできるよ。

https://cds.chart.co.jp/books/fyc9t3c01u/sublist/000#1!

2 動画を見る！

動画はフルカラーで
理解しやすい内容に
なっています。

速度調節や
全画面表示も
できます

便利な使い方

解説動画が見られるページをスマホなどのホーム画面に追加することで，毎回QRコード
を読みこまなくても起動できるようになります。くわしくは QRコードを読み取り，左上
のメニューバー「≡」▶「ヘルプ」▶「便利な使い方」をご覧ください。

目次

1 単項式と多項式

単項式，多項式の意味を知ろう

解説動画も
チェック！

✔ チェックしよう！

 たんこうしき　た こうしき
単項式と多項式

 覚えよう　単項式…$2a$，$-ab$，a^2 のように，数や文字の乗法だけでできた式。

多項式…x^2-2x などのように，単項式の和の形で表された式で，
1つ1つの単項式 x^2，$-2x$ を項という。
数だけの項を定数項という。

 覚えよう　次数…単項式で，かけあわされている文字の個数。

係数…文字にかけあわされている数。

多項式の次数…多項式の各項の次数のうち，もっとも大きいもの。

 覚えよう　同類項…1つの多項式の中で，文字の部分が同じ項。

同類項は分配法則を用いて，1つの項にまとめることができる。

x と x^2 は文字の種類が同じでも，
次数が異なるから，同類項ではないんだよ！

━ 分配法則 ━
$ma+na=(m+n)a$

確認問題

 1 単項式と多項式　次のそれぞれの式を，単項式と多項式に分けましょう。

ア　$-3xy$　　イ　$2a-b$　　ウ　x　　エ　$-x^2+3x+2$　　オ　$12m$

 2 式の次数　次のそれぞれの式の次数を答えましょう。

(1)　$-5x$

(2)　$2a^2b$

(3)　$x^2-xy+4y^2$

(4)　ab^2-ab

 3 同類項　次の式の同類項をまとめて簡単にしましょう。

(1)　$3x+2x$

(2)　$-2a+5a-a$

文字の項の係数だけを
計算すればいいね。

(3)　$2x-5x+4x$

(4)　$3x-7x-1$

1 単項式と多項式　次のそれぞれの式を，単項式と多項式に分けましょう。

ア　$-5xy$　　イ　x^2+x-3　　ウ　$\dfrac{1}{2}a^2b$　　エ　$m+2$　　オ　$\dfrac{1}{3}x-\dfrac{1}{2}y$

2 式の次数　次のそれぞれの式の次数を答えましょう。

(1)　$\dfrac{1}{5}xy$

(2)　$-4x^3+3x^2-5x+2$

(3)　$-6axy$

(4)　$\dfrac{1}{2}px^3-px^2+\dfrac{1}{3}px-2p$

3 同類項　次の式の同類項をまとめて簡単にしましょう。

(1)　$4x-9x$

(2)　$5a-3a-7a$

(3)　$2x-3y-6x-2y$

(4)　$3a-4+2-5a$

(5)　$x^2-3x^2+6x^2-2x^2$

(6)　$2a^2-3a+3a^2-a$

(7)　$2x^2+4x-5x^2+3x$

(8)　$-3a^2-8a+5a-4a^2$

2 多項式の加法と減法

式どうしのたし算・ひき算

✔ チェックしよう！

☑ 多項式の加法・減法は，かっこをはずして同類項をまとめる。

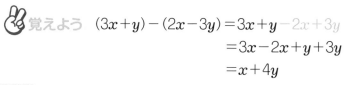

👆 覚えよう　$(3x+y)+(2x-3y)=3x+y+2x-3y$
$$=3x+2x+y-3y$$
$$=5x-2y$$

☑ かっこの前が－の場合は，かっこの中の符号を逆にする。

> 符号のあつかいには，とにかく注意！

👆 覚えよう　$(3x+y)-(2x-3y)=3x+y-2x+3y$
$$=3x-2x+y+3y$$
$$=x+4y$$

確認問題

👆 **1** 多項式の加法　次の計算をしましょう。

(1)　$(x+3y)+(3x+2y)$　　　　(2)　$(2x-4y)+(x-3y)$

(3)　$(-2a+b)+(3a-5b)$　　　　(4)　$(6x-7y)+(-4x+2y)$

> かっこの前が－なら，かっこの中の符号は逆にするんだよ。

✌ **2** 多項式の減法　次の計算をしましょう。

(1)　$(5x+3y)-(2x+y)$　　　　(2)　$(4a-3b)-(7a-5b)$

(3)　$(x+4y)-(-2x+9y)$　　　　(4)　$(5a-12b)-(7a-9b)$

1 多項式の加法　次の計算をしましょう。

(1)　$(2x+3y)+(x-6y)$

(2)　$(a-3b)+(-5a+9b)$

(3)　$(7x^2+2x)+(-10x^2-7x)$

(4)　$(3a-2b+4)+(4a-5b-8)$

(5)　$(2x^2+x-7)+(-5x^2+4x-4)$

(6)　$(-x^2+5x-4)+(9-7x-3x^2)$

2 多項式の減法　次の計算をしましょう。

(1)　$(3x+y)-(5x+6y)$

(2)　$(x-2y)-(-4x+y)$

(3)　$(-3x^2+x)-(-x^2+7x)$

(4)　$(2a+4b-c)-(-a+6b+4c)$

(5)　$(7x^2+4x-5)-(4x^2+6x-4)$

(6)　$(4x+2y-7)-(6x-12+4y)$

ステップアップ

3 次の2つの式について，下の問いに答えましょう。

$$2x-3y,\quad -3x+5y$$

(1)　2つの式の和を求めましょう。

かっこを使って，符号
のミスを防ごう。

(2)　左の式から右の式をひいた差を求めましょう。

3 多項式と数の乗法，除法

分配法則を使う

解説動画も
チェック!

✔ チェックしよう！

☑ 多項式と数の乗法は，分配法則を使って
計算する。

👆 覚えよう　$m(a+b)=ma+mb$　$(a+b)m=am+bm$

☑ 多項式と数の除法は，わる数の逆数をかける乗法になおして計算する。

👆 覚えよう　$(a+b)\div m=(a+b)\times \dfrac{1}{m}=\dfrac{a}{m}+\dfrac{b}{m}$

かけ忘れる項がな
いようにていねい
に計算しよう！

確認問題

 1 多項式×数　次の計算をしましょう。

(1)　$2(x-2y)$

(2)　$3(-x+4y)$

(3)　$-5(2a-3b)$

(4)　$(4x+3y)\times(-2)$

わり算は逆数のかけ算だよ。

 2 多項式÷数　次の計算をしましょう。

(1)　$(12a+8b)\div4$

(2)　$(9x-6y)\div3$

(3)　$(-12a+18b)\div6$

(4)　$(21x-35y)\div(-7)$

1 多項式×数　次の計算をしましょう。

(1) $2(2a-6b)$

(2) $-3(-x+3y)$

(3) $3(-3x+2y)$

(4) $(5m-2n)\times(-3)$

(5) $\dfrac{1}{4}(12x-8y)$

(6) $-3(a-3b+2c)$

(7) $(4x-2y+5z)\times(-2)$

(8) $-\dfrac{2}{3}(9x^2-6x-15)$

2 多項式÷数　次の計算をしましょう。

(1) $(12x-18y)\div6$

(2) $(-4a+10b)\div(-2)$

(3) $(12x^2-8x-16)\div4$

(4) $(7x-21y)\div(-14)$

(5) $(6a+9b-3c)\div\dfrac{3}{2}$

(6) $(9x-12y)\div\left(-\dfrac{3}{5}\right)$

4 いろいろな計算

多項式の計算を仕上げよう

✔チェックしよう！

 かっこをふくむ式の計算は，分配法則を使ってかっこをはずし，
係数を計算して同類項をまとめる。

👆覚えよう　例)　$2(x+3y)-3(2x-y)=2x+6y-6x+3y=-4x+9y$

 分数をふくむ式の計算は，通分して計算する。このとき，符号のミスを防ぐため，
分子にかっこをつける。

👆覚えよう　例)　$\dfrac{x-3y}{2}-\dfrac{x-2y}{3}=\dfrac{3(x\ \ 3y)-2(x-2y)}{6}$

$=\dfrac{3x-9y-2x+4y}{6}=\dfrac{x-5y}{6}$

> 方程式とは
> ちがうよ！

次のように計算してもよい。

$\dfrac{x-3y}{2}-\dfrac{x-2y}{3}=\dfrac{1}{2}(x-3y)-\dfrac{1}{3}(x-2y)=\dfrac{1}{2}x-\dfrac{3}{2}y-\dfrac{1}{3}x+\dfrac{2}{3}y$

$=\dfrac{1}{6}x-\dfrac{5}{6}y$

※分母の最小公倍数をかけて，分母をはらってはならない。

確認問題

  1 かっこをふくむ式の計算　次の計算をしましょう。

(1)　$3(3x-y)-2(2x-5y)$　　　　(2)　$-2(4x-3y)+2(5x-2y)$

(3)　$4(a-5b)+2(-3a+6b)$　　　　(4)　$7(2m+3n)-5(3m+4n)$

2 分数をふくむ式の計算　次の計算をしましょう。

> 符号には注意してね。

(1)　$\dfrac{x+y}{2}+\dfrac{x-y}{3}$　　　　(2)　$\dfrac{2x-y}{2}-\dfrac{x-3y}{4}$

(3)　$\dfrac{2x+4y}{3}+\dfrac{3x-2y}{2}$　　　　(4)　$\dfrac{2a+b}{3}-\dfrac{3a+5b}{4}$

1 かっこをふくむ式の計算　次の計算をしましょう。

(1)　$8(2x+3y)-5(3x+5y)$

(2)　$5(6x-4y)-3(7x-5y)$

(3)　$-3(4a+2b)+4(4a+2b)$

(4)　$12(-3x+4y)+9(4x-5y)$

(5)　$2(3x-2y-1)-4(x-3y+2)$

(6)　$-4(3x+4y-2)+5(2x+3y-4)$

2 分数をふくむ式の計算　次の計算をしましょう。

(1)　$\dfrac{x-3y}{4}+\dfrac{3x+2y}{2}$

(2)　$\dfrac{5x+4y}{3}-\dfrac{x+5y}{2}$

(3)　$\dfrac{2x+y}{4}+\dfrac{-2x+5y}{3}$

(4)　$\dfrac{5a-b}{6}-\dfrac{3a+2b}{4}$

(5)　$\dfrac{4x-6y}{5}+\dfrac{-x+3y}{4}$

(6)　$\dfrac{5a-7b}{8}+\dfrac{-2a+4b}{3}$

5 単項式の乗法，除法

文字どうしの乗除を理解しよう

✔チェックしよう！

 覚えよう　単項式の乗法は，
係数の積に文字の積をかける。

 覚えよう　単項式の除法は，数の除法と同じように，逆数の乗法になおす。
式を分数の形にし，係数どうし，文字どうしを約分する。

 覚えよう　同じ文字の積は，指数を使って累乗の形で表す。

例）　$a^2 \times a^3 = (a \times a) \times (a \times a \times a) = a^5$
　　　$(a^2)^3 = (a \times a) \times (a \times a) \times (a \times a) = a^6$

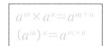
$a^m \times a^n = a^{m+n}$
$(a^m)^n = a^{m \times n}$

乗法も除法も，
係数，文字ごと
に計算するよ！

確認問題

 1 単項式の乗法　次の計算をしましょう。

(1)　$4x \times 3y$

(2)　$2a \times (-3b)$

(3)　$-2xy \times 4x$

(4)　$(-x)^2$

 2 単項式の除法　次の計算をしましょう。

まず符号を決めてから，わる式を
分母，わられる式を分子にしよう。

(1)　$12x \div 3x$

(2)　$6ab \div 2a$

(3)　$x^3 \div (-x)$

(4)　$8xy \div (-4y)$

(5)　$-24a^3 \div 4a$

(6)　$30a^2b \div (-6a)$

1 単項式の乗法　次の計算をしましょう。

(1)　$2xy \times 3x$

(2)　$-xy \times (-3y)$

(3)　$(-4a)^2$

(4)　$-2x \times (-x)^2$

(5)　$3a \times (-2b)^2$

(6)　$6xy \times \dfrac{2}{3}xy$

(7)　$\dfrac{3}{10}b^2 \times \dfrac{5}{6}ab$

(8)　$\dfrac{1}{2}x \times \left(-\dfrac{2}{5}xy^2\right)$

2 単項式の除法　次の計算をしましょう。

(1)　$15x^2 \div (-3x)$

(2)　$-24ab \div 6b$

(3)　$(-20x^2y) \div (-5x)$

(4)　$-12x^2y \div 4xy$

(5)　$2ab^2 \div 4b$

(6)　$x^2 \div \dfrac{x}{3}$

(7)　$5a^3 \div \dfrac{5}{3}a^2$

(8)　$6x^2y \div \left(-\dfrac{3}{4}xy\right)$

6 乗法と除法の混じった計算
単項式の乗除の仕上げ

✔チェックしよう！

☑ 単項式の乗法と除法が混じった計算は，次のように行う。

例）　$4x \times (-3xy^2) \div 6xy = 4x \times (-3xy^2) \times \dfrac{1}{6xy}$　…除法を乗法になおす

$$= -\frac{4x \times 3xy^2}{6xy}$$ …符号を決めて，分数の形にする

符号と指数には特に注意！

$$= -2xy$$ …約分する

$18a^3b^3 \div 9a \div 4ab = \dfrac{18a^3b^3}{9a \times 4ab}$　…符号を決めて，分数の形にする

$$= \frac{ab^2}{2}$$ …約分する

確認問題

1 乗除の混じった計算　次の計算をしましょう。

わる式を分母にして，約分だよ。

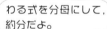

(1)　$6ab \times 2a \div 3b$

(2)　$3b \times 8ab \div 12b$

(3)　$4xy \div (-6x) \times (-3y)$

(4)　$24ab \div (-4b) \div 2a$

(5)　$8xy \div 4x \times 5y$

(6)　$3a \times 2a^3 \div a^2$

(7)　$8x^2y \div 4x \div y$

(8)　$24x^2y^2 \div (-3y) \div 4x$

1 乗除の混じった計算　次の計算をしましょう。

(1)　$6xy \times (-3x) \div (-9y)$　　　　　(2)　$2x^2y \times 9y \div (-6x)$

(3)　$12a^2b^2 \div 3ab \div (-2a)$　　　　　(4)　$2x^2y \times 6y \div 3xy^2$

(5)　$12a^2b \times 6b^2 \div (-8ab)$　　　　　(6)　$4xy^2 \div (-6x) \times 12xy$

(7)　$6x^3y^3 \div 3x^2y \div (-2y^2)$　　　　　(8)　$(-x)^2 \div 3xy \times 6y$

(9)　$9x \times (-2xy)^2 \div 6x^2y$　　　　　(10)　$(3xy)^2 \times (-6x) \div 18xy^2$

(11)　$48a^2b^3 \div (-2b)^2 \div (-3a)$　　　　　(12)　$\dfrac{1}{3}xy \times 12y \div 2x$

(13)　$4ab \times \dfrac{1}{2}b \div (-2a)$　　　　　(14)　$\dfrac{1}{2}x^2y \div \dfrac{3}{4}x \times 3y$

(15)　$\dfrac{1}{6}a^2 \div \left(-\dfrac{3}{2}a\right) \times a^2$　　　　　(16)　$12a^2b \div \left(-\dfrac{9}{2}a\right) \times (-3a)^2$

7 式の値
文字に数値を代入しよう

✔チェックしよう！

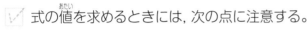

式の値を求めるときには, 次の点に注意する。

①負の数を代入するときには, かっこを使う。

②式はできるだけ簡単な形にしてから, 数値を代入する。

例) $x=2$, $y=-3$ のとき, $3x^2y^2 \times 8x \div 6y$ の値は,

$$3x^2y^2 \times 8x \div 6y = 4x^3y = 4 \times 2^3 \times (-3) = -96$$

> どちらも計算ミスを
> 防ぐための工夫だよ！

確認問題

1 式の値　$x=2$, $y=-3$ のとき, 次の式の値を求めましょう。

(1) $2x+3y$

(2) $x-2y$

(3) $-4xy$

(4) $2x^2+y$

2 式の値　$x=-4$, $y=1$ のとき, 次の式の値を求めましょう。

(1) $(x+2y)-(3x-5y)$

(2) $2(2x-3y)-3(x-y)$

(3) $18xy^2 \div 6y$

(4) $6x^2y \times (-y) \div 3x$

> 式をできるだけ簡単
> にしてから代入だよ。

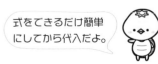

1 式の値　$x=4$, $y=-6$ のとき，次の式の値を求めましょう。

(1) $-3x-4y$

(2) $\dfrac{1}{2}x-\dfrac{5}{3}y$

(3) $-\dfrac{1}{12}xy^2$

(4) $-x^2-xy+y^2$

2 式の値　$x=-6$, $y=2$ のとき，次の式の値を求めましょう。

(1) $-(2x+y)+(x+4y)$

(2) $3(4x-5y)-4(2x-3y)$

(3) $-6xy^3\div(-18y)$

(4) $\dfrac{2}{3}x\times(-12xy^2)\div4xy$

↗ ステップアップ

3 $x=\dfrac{2}{3}$, $y=-\dfrac{1}{2}$ のとき，次の式の値を求めましょう。

(1) $3x-4y$

(2) $-5x^2y$

(3) $2(x-2y)-4(2x-3y)$

(4) $24x^2y\div(-6x)\times3y$

8 文字式の利用
式の計算を利用して説明しよう

解説動画も
チェック！

✔ **チェックしよう！**

☑️ 整数は，文字を使って次のように表される。

 覚えよう n を整数とすると，偶数は $2n$，奇数は $2n-1$

3 の倍数は $3n$

3 でわると 1 余る数は $3n+1$

3 でわると 2 余る数は $3n+2$

連続する 3 つの整数は n，$n+1$，$n+2$

または $n-1$，n，$n+1$

十の位の数を a，一の位の数を b とすると，2 けたの整数は $10a+b$

なぜそういう式で
表されるのか，意
味を考えよう！

確認問題 ─── ─── ─── ─── ───

1 **式による説明** 連続する 3 つの整数の和は 3 の倍数であることを，次のように説明しました。次の下線部にあてはまる文字式を入れて，説明を完成させましょう。

（説明）n を整数とすると，連続する 3 つの整数は，

＿＿＿＿＿＿，n，＿＿＿＿＿＿ と表される。

したがって，それらの和は，（＿＿＿＿）$+n+$（＿＿＿＿）$=$

n は整数だから，＿＿＿＿＿＿ は 3 の倍数である。

よって，連続する 3 つの整数の和は，3 の倍数である。

2 **式による説明** 2 つの奇数の和は偶数であることを，次のように説明しました。次の下線部にあてはまる文字式を入れて，説明を完成させましょう。

（説明）m，n を整数とすると，2 つの奇数は $2m-1$，＿＿＿＿＿ と表される。

したがって，それらの和は，$2m-1+$（＿＿＿＿）$=$

$=2$（＿＿＿＿）

＿＿＿＿＿ は整数だから，2（＿＿＿＿）は偶数である。

よって，2 つの奇数の和は偶数である。

整数の表し方を
正しく覚えよう。

1 式による説明 　2けたの自然数と，その数の十の位の数字と一の位の数字を入れかえた数の和は 11 の倍数であることを，次のように説明しました。次の下線部にあてはまる文字式を入れて，説明を完成させましょう。

（説明）　2けたの自然数の十の位を x，一の位を y とすると，

この自然数は ＿＿＿＿＿＿ と表される。

また，その十の位の数字と一の位の数字を入れかえた数は ＿＿＿＿＿＿ と表される。

したがって，それらの和は，（＿＿＿＿＿＿）＋（＿＿＿＿＿＿）＝

　　　　　　　　　　　　　　＝11（＿＿＿＿＿＿）

＿＿＿＿＿＿ は整数だから，11（＿＿＿＿＿＿）は 11 の倍数である。

よって，2けたの自然数と，その数の十の位の数字と一の位の数字を入れかえた数の和は 11 の倍数である。

2 式による説明 　奇数と偶数の和は奇数です。このことを説明しましょう。

↗ ステップアップ

3 右の図は，ある月のカレンダーです。 ▨ で囲まれた3つの数 3，9，15 の和は 27 で，まん中の数である9の3倍になっています。このように，ななめに並んだ3つの数の和は，まん中の数の3倍になります。このことが成り立つわけを説明しましょう。

日	月	火	水	木	金	土
		1	2	3	4	5
6	7	8	9	10	11	12
13	14	15	16	17	18	19
20	21	22	23	24	25	26
27	28	29	30	31		

9 等式の変形
等式を自由に変形してみよう

✔チェックしよう！

☑ 2つ以上の文字をふくむ等式で，等式を「（ある文字）＝〜」の形に変形することを，その文字について解くという。
等式を変形するときには，右の等式の性質を利用する。

👆覚えよう

方程式を解くのと似ているよ！

―― 等式の性質 ――
$A = B$ ならば，
$A + C = B + C$
$A - C = B - C$
$A \times C = B \times C$
$A \div C = B \div C$ （$C \neq 0$）

確認問題

1 等式の変形　次の等式を，〔　〕の中の文字について解きましょう。

(1) $x - 2y = 6$ 〔x〕

(2) $2x - y = 5$ 〔y〕

(3) $2x + 3y = 4$ 〔x〕

(4) $3ab = 6$ 〔b〕

(5) $3x - 2y - 6 = 0$ 〔x〕

(6) $2xy = p - 3$ 〔y〕

2 等式の変形　次の等式を，〔　〕の中の文字について解きましょう。

(1) $\frac{1}{2}ab = 4$ 〔a〕

(2) $a = 2(b + 1)$ 〔b〕

(3) $3(x + y) = a$ 〔y〕

(4) $a - 1 = \frac{1}{3}bc$ 〔c〕

分数がある場合は，方程式と同じように，整数になおして計算するといいね。

1 等式の変形　次の等式を，〔　〕の中の文字について解きましょう。

(1) $2x-3y=6$　〔x〕

(2) $-a+3b=1$　〔a〕

(3) $4xy=12$　〔y〕

(4) $\ell=2\pi r$　〔r〕

(5) $3x-4y+6=0$　〔x〕

(6) $5x+4y-2=0$　〔y〕

(7) $y=3x-2$　〔x〕

(8) $S=2\pi rh$　〔h〕

(9) $m=3(a-b+c)$　〔b〕

(10) $n=10x+y$　〔x〕

2 等式の変形　次の等式を，〔　〕の中の文字について解きましょう。

(1) $S=\dfrac{1}{2}ah$　〔a〕

(2) $\ell=2(a+b)$　〔b〕

(3) $S=\pi r(r+a)$　〔a〕

(4) $V=\dfrac{1}{3}\pi r^2 h$　〔h〕

(5) $m=\dfrac{a+b}{2}$　〔b〕

(6) $S=\dfrac{1}{2}h(a+b)$　〔a〕

1 加減法
解き方の基本を理解しよう

解説動画も
チェック!

✔ チェックしよう！

- ✓ 2つの方程式を組にしたものを連立方程式
  といい，そのどちらの方程式も成り立たせる文字の値の組を解，解を求める
  ことを連立方程式を解くという。

- ✓ 連立方程式の左辺どうし，右辺どうしを，それぞれたして（ひいて），1つの
  文字を消去して連立方程式を解く方法を加減法という。

- 👆 覚えよう　1つの文字の係数の絶対値が等しく，符号が反対のときは，左辺ど
  うし，右辺どうしをたす。また，符号が同じときはひく。

- ✌ 覚えよう　係数の絶対値がそろっていないときは，一方の式，または両方の式
  を何倍かして，1つの文字の係数の絶対値をそろえる。

片方の文字を消去して，1つの文字につ
いての方程式をつくるんだよ！

確認問題

👆 1 加減法　次の連立方程式を加減法で解きましょう。

(1) $\begin{cases} x - y = 1 \\ 2x + y = 5 \end{cases}$
(2) $\begin{cases} x + 3y = 10 \\ x + 2y = 7 \end{cases}$

(3) $\begin{cases} x + 3y = 5 \\ 2x - 3y = -8 \end{cases}$
(4) $\begin{cases} 4x + 2y = 2 \\ -x + 2y = -8 \end{cases}$

✌ 2 加減法　次の連立方程式を加減法で解きましょう。

(1) $\begin{cases} 3x - 2y = 1 \\ 2x + y = 3 \end{cases}$
(2) $\begin{cases} -2x - y = -2 \\ 5x + 3y = 4 \end{cases}$

どちらの文字の係
数の絶対値をそろ
えればよいかな？

(3) $\begin{cases} x + 4y = 8 \\ 2x - 3y = 5 \end{cases}$
(4) $\begin{cases} 3x + y = -3 \\ 5x + 3y = -1 \end{cases}$

1 加減法　次の連立方程式を加減法で解きましょう。

(1) $\begin{cases} x+y=4 \\ 3x-y=8 \end{cases}$

(2) $\begin{cases} 2x-y=0 \\ 2x-3y=-4 \end{cases}$

(3) $\begin{cases} 3x+2y=4 \\ -x+2y=-4 \end{cases}$

(4) $\begin{cases} -3x+2y=-6 \\ 3x-y=9 \end{cases}$

(5) $\begin{cases} 5x+3y=-1 \\ 5x+y=-7 \end{cases}$

(6) $\begin{cases} 3x-4y=7 \\ -2x+4y=-2 \end{cases}$

2 加減法　次の連立方程式を加減法で解きましょう。

(1) $\begin{cases} x+2y=-6 \\ 3x-y=10 \end{cases}$

(2) $\begin{cases} 2x+3y=7 \\ x+2y=5 \end{cases}$

(3) $\begin{cases} 2x-y=7 \\ 5x+2y=4 \end{cases}$

(4) $\begin{cases} -x+4y=7 \\ 2x+3y=19 \end{cases}$

(5) $\begin{cases} 2x-3y=7 \\ 3x-y=0 \end{cases}$

(6) $\begin{cases} 3x+5y=-1 \\ x+2y=-1 \end{cases}$

(7) $\begin{cases} 200x-100y=800 \\ 3x+y=22 \end{cases}$

(8) $\begin{cases} 100x+80y=860 \\ 10x-4y=2 \end{cases}$

2 代入法
数と同じように式を代入しよう

✔チェックしよう！

☑ 一方の方程式を1つの文字について解いて
他方の方程式に代入し，1つの文字を消去して
連立方程式を解く方法を代入法という。

解説動画も
チェック！

文字をそれと等しい
式でおきかえるよ！

例）$\begin{cases} y=2x-1 \cdots ① \\ x+2y=8 \cdots ② \end{cases}$ ①を②に代入すると，$x+2(2x-1)=8$　$x=2$

確認問題

1 代入法　次の連立方程式を代入法で解きましょう。

(1) $\begin{cases} x+y=3 \\ y=x-1 \end{cases}$

(2) $\begin{cases} x+2y=7 \\ x=y+1 \end{cases}$

(3) $\begin{cases} -2x+y=-9 \\ y=-2x+7 \end{cases}$

(4) $\begin{cases} x+5y=-7 \\ x=1-y \end{cases}$

(5) $\begin{cases} 2x+y=11 \\ x=2y-7 \end{cases}$

(6) $\begin{cases} 2x+3y=7 \\ y=x+4 \end{cases}$

(7) $\begin{cases} 2x-y=-1 \\ y=x+4 \end{cases}$

(8) $\begin{cases} -x-3y=2 \\ x=2-y \end{cases}$

かっこを使うのを忘れ
ないようにしよう。

1 代入法　次の連立方程式を代入法で解きましょう。

(1) $\begin{cases} 2x+y=17 \\ y=x-4 \end{cases}$

(2) $\begin{cases} x-2y=-12 \\ x=3-y \end{cases}$

(3) $\begin{cases} 3x+y=-5 \\ y=-x+1 \end{cases}$

(4) $\begin{cases} 3x+2y=31 \\ y=x-7 \end{cases}$

(5) $\begin{cases} 5x-4y=32 \\ x=y+5 \end{cases}$

(6) $\begin{cases} -3x-y=13 \\ y=x+3 \end{cases}$

(7) $\begin{cases} 5x-2y=5 \\ y=2x+1 \end{cases}$

(8) $\begin{cases} -3x+2y=25 \\ x=5-y \end{cases}$

↗ ステップアップ

2 次の連立方程式を代入法で解きましょう。

(1) $\begin{cases} 2x+3y=-7 \\ 3y=2x+1 \end{cases}$

(2) $\begin{cases} -2x+5y=-2 \\ 2x=14-y \end{cases}$

(3) $\begin{cases} y=2x-2 \\ y=7-x \end{cases}$

(4) $\begin{cases} 2x=-3y-1 \\ 2x=-2y+2 \end{cases}$

3 分数や小数のある連立方程式

係数を整数になおす

✔チェックしよう！

☑ 係数が分数や小数の場合は，
係数を整数になおして解く。

解説動画も
チェック！

1年で学習した1次方程式と同じだよ！

☝覚えよう　係数が分数の場合は，分母の公倍数をかけて，分母をはらう。

✌覚えよう　係数が小数の場合は，10，100，…をかけて，係数を整数にする。

確認問題

1 係数が分数の連立方程式　次の連立方程式を解きましょう。

(1) $\begin{cases} \dfrac{1}{3}x - \dfrac{1}{4}y = \dfrac{1}{2} \\ x + 3y = 9 \end{cases}$

(2) $\begin{cases} \dfrac{1}{2}x + \dfrac{1}{3}y = \dfrac{4}{3} \\ 3x - y = 5 \end{cases}$

(3) $\begin{cases} \dfrac{1}{2}x - \dfrac{3}{4}y = -\dfrac{5}{2} \\ x - y = -2 \end{cases}$

(4) $\begin{cases} \dfrac{1}{2}x - \dfrac{4}{5}y = \dfrac{3}{10} \\ 2x + y = 18 \end{cases}$

2 係数が小数の連立方程式　次の連立方程式を解きましょう。

(1) $\begin{cases} 0.2x + 0.1y = 0.1 \\ x - y = 2 \end{cases}$

(2) $\begin{cases} 0.3x + 0.2y = 0.5 \\ 2x - y = 8 \end{cases}$

右辺の整数にも
10をかけるのを
忘れないでね。

(3) $\begin{cases} 0.2x + 0.3y = 0.2 \\ x + y = 2 \end{cases}$

(4) $\begin{cases} 0.3x - 0.1y = 2 \\ x - y = 10 \end{cases}$

1 係数が分数の連立方程式　次の連立方程式を解きましょう。

(1) $\begin{cases} \dfrac{1}{2}x + \dfrac{1}{3}y = \dfrac{1}{2} \\ x + 3y = 8 \end{cases}$

(2) $\begin{cases} \dfrac{1}{4}x - \dfrac{2}{5}y = \dfrac{7}{10} \\ x - 4y = 10 \end{cases}$

(3) $\begin{cases} \dfrac{1}{4}x - \dfrac{1}{3}y = \dfrac{1}{6} \\ 3x + 2y = 26 \end{cases}$

(4) $\begin{cases} \dfrac{1}{2}x + \dfrac{3}{4}y = 8 \\ 8x + y = -4 \end{cases}$

2 係数が小数の連立方程式　次の連立方程式を解きましょう。

(1) $\begin{cases} 0.2x - 0.1y = 0.1 \\ 3x + y = 9 \end{cases}$

(2) $\begin{cases} 0.2x + 0.3y = 0.4 \\ 3x - 2y = -7 \end{cases}$

(3) $\begin{cases} 0.3x - 1.1y = -0.5 \\ x - 4y = -2 \end{cases}$

(4) $\begin{cases} 0.3x + 0.4y = 3 \\ y = x + 4 \end{cases}$

↗ ステップアップ

3 次の連立方程式を解きましょう。

(1) $\begin{cases} \dfrac{x+1}{2} + \dfrac{y-2}{3} = -\dfrac{1}{6} \\ 2x + y = 1 \end{cases}$

(2) $\begin{cases} 0.2x + 0.03y = 0.3 \\ 3x + y = -1 \end{cases}$

4 いろいろな連立方程式

連立方程式の仕上げ

解説動画も
チェック！

✔チェックしよう！

☑ かっこのある連立方程式は，
かっこをはずして方程式を簡単にし，

 覚えよう $\begin{cases} ax+by=c \\ dx+ey=f \end{cases}$ の形にして解く。

いちばん計算しやすい組み
合わせを選ぶよ！

☑ $A=B=C$ の形の連立方程式は，

 覚えよう $\begin{cases} A=C \\ B=C, \end{cases}$ $\begin{cases} A=B \\ A=C, \end{cases}$ $\begin{cases} A=B \\ B=C \end{cases}$ のどれかの形の連立方程式になおして解く。

確認問題

 1 かっこのある連立方程式　次の連立方程式を解きましょう。

(1) $\begin{cases} 2x-(y-4)=7 \\ -3x+4y=-2 \end{cases}$

(2) $\begin{cases} 3x+5y=23 \\ 3(x-3)+4y=10 \end{cases}$

(3) $\begin{cases} 2(x-y)+y=5 \\ x-3y=5 \end{cases}$

(4) $\begin{cases} x+2y=-7 \\ 2(x-5)-3y=-10 \end{cases}$

 2 $A=B=C$の連立方程式　次の連立方程式を解きましょう。

(1) $3x+2y=x-4y=7$

(2) $7x-y=5x-2y=18$

$A=B=C$ の１つが数のときは，その数
と他の２つの式を組み合わせるといいね。

1 かっこのある連立方程式　次の連立方程式を解きましょう。

(1) $\begin{cases} 3(x-1)+5y=11 \\ 2x-3y=3 \end{cases}$
(2) $\begin{cases} 3x-2(2y-3)=11 \\ 2x-8y=14 \end{cases}$

(3) $\begin{cases} 5x-y=32 \\ 3x-2(y-2)=26 \end{cases}$
(4) $\begin{cases} 2x-4y=-16 \\ -2x+3(x+y)=17 \end{cases}$

(5) $\begin{cases} -2(x-y)=3x+4 \\ 3x+2(3-y)=-2 \end{cases}$
(6) $\begin{cases} 3x+2(y-3)=11 \\ 4(x+1)-5y=19 \end{cases}$

2 $A=B=C$ の連立方程式　次の連立方程式を解きましょう。

(1) $6x-2y=4x+y=28$
(2) $11x-4y=3x+2y-6=13$

↗ ステップアップ

3 次の連立方程式を解きましょう。

$2(x-3)+4y=-x+3(y+1)=-10$

5 連立方程式の利用①
問題の解き方を確認しよう

✔チェックしよう！

☑ 連立方程式の文章題は，次の手順で解く。

①どの数量を文字で表すかを決める。

↓

②問題文から数量の間の関係を見つけ，2つの方程式をつくる。

↓

③連立方程式を解き，解を求める。

↓

④解が問題に適しているかどうか確認する。

> 方程式が 2 つになるだけで，基本は 1 年で学習したことと同じだよ！

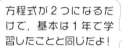

例）　みかん 3 個とりんご 2 個の代金の合計は 370 円，みかん 5 個とりんご 4 個の代金の合計は 710 円である。みかん 1 個とりんご 1 個の値段を求める。

①みかん 1 個の値段を x 円，りんご 1 個の値段を y 円とする。

② $\begin{cases} 3x+2y=370 & \leftarrow みかん 3 個とりんご 2 個で 370 円 \\ 5x+4y=710 & \leftarrow みかん 5 個とりんご 4 個で 710 円 \end{cases}$

③これを解いて，$x=30$，$y=140$

④$x=30$，$y=140$ は問題に適している。

　よって，みかん 1 個 30 円，りんご 1 個 140 円

確認問題

1 個数と代金　みかんを 4 個とりんごを 3 個買うと，代金の合計は 640 円です。また，みかんを 6 個とりんごを 5 個買うと，代金の合計は 1040 円です。これについて，次の問いに答えましょう。

(1) みかん 1 個の値段を x 円，りんご 1 個の値段を y 円として，x，y についての連立方程式をつくりましょう。

(2) (1)でつくった連立方程式を解いて，みかん 1 個とりんご 1 個の値段をそれぞれ求めましょう。

1 個数と代金　次の問いに答えましょう。

(1)　A，B 2種類のノートがあります。A 5冊と B 4冊の値段の合計は 620円で，A 7冊と B 9冊の値段の合計は 1140円です。A，B のノート 1冊の値段をそれぞれ求めましょう。

何を x，y とするかをはじめに書いておこうね。

(2)　63円切手と 84円切手をあわせて 18枚買ったところ，代金の合計が 1260円となりました。63円切手と 84円切手をそれぞれ何枚買ったか求めましょう。

(3)　ある美術館の入館料は，大人料金と子ども料金の 2種類があります。ある土曜日，大人の入館者数は 250人，子どもの入館者数は 400人で，入館料の合計は 46万円でした。翌日の日曜日，大人の入館者数は 300人，子どもの入館者数は 500人で，入館料の合計は 56万円でした。この美術館の大人 1人と子ども 1人の入館料はそれぞれ何円か，求めましょう。

6 連立方程式の利用②
速さの問題を考えよう

✔チェックしよう！

☑ ある人が，家から110km離れた駅まで自動車で出かけた。家からA地点までは時速100kmで，A地点から駅までは時速40kmで走ったところ，家を出発してから2時間後に駅に着いた。家からA地点までの道のりを$x$km，A地点から駅までの道のりを$y$kmとして，道のり，速さ，時間の関係をまとめると，図のようになる。

x，yについての連立方程式をつくると，

$$\begin{cases} x+y=110 \\ \dfrac{x}{100}+\dfrac{y}{40}=2 \end{cases}$$

これを解いて，$x=50$，$y=60$

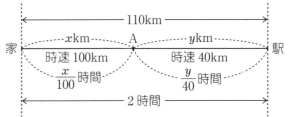

> 速さ，時間，道のりの関係は，ちゃんと理解できてるかな？

確認問題

1 **速さの問題**　A市からB市を通ってC市まで行く道があり，A市からC市までの道のりは150kmです。ある人が自動車でA市を出発し，この道を通ってC市まで行きました。A市からB市までは時速30kmで，B市からC市までは時速40kmで走ったところ，出発してから4時間でC市に着きました。A市からB市までの道のりを$x$km，B市からC市までの道のりを$y$kmとして，次の問いに答えましょう。

(1) 右の図の(ア)〜(エ)にあてはまる数を答えましょう。

(2) x，yについての連立方程式をつくりましょう。

> 時間＝道のり÷速さだね。

(3) (2)の連立方程式を解いて，A市からB市までの道のり，B市からC市までの道のりをそれぞれ求めましょう。

1 速さの問題 　次の問いに答えましょう。

(1) A さんは，家から駅までの 2100m の道のりを，はじめは分速 60m で歩き，途中から分速 160m で走ったところ，家を出発してから 20 分後に駅に着きました。A さんが歩いた道のりと走った道のりをそれぞれ求めましょう。

(2) ある人が，家から 33km 離れた湖まで，サイクリングに出かけました。午前 9 時に家を出発し，時速 14km で進みましたが，途中から時速 12km に速さを変えたところ，午前 11 時 30 分に湖に着きました。この人が時速 14km で走った道のりと時速 12km で走った道のりをそれぞれ求めましょう。

(3) ある人が，家から 30km 離れた P 町まで出かけました。まず，家を出発して，分速 60m でバス停まで歩き，その後は，バスに乗って行ったところ，家を出発してから 1 時間 14 分後に P 町に着きました。家からバス停までの道のりと，バス停から P 町までの道のりをそれぞれ求めましょう。ただし，バスの速さは時速 36km で一定とし，バスを待つ時間は考えないものとします。

1 1次関数の式

1次関数の意味を理解しよう

✔チェックしよう！

☑ y が x の関数で，y が x の1次式で表されるとき，y は x の1次関数であるという。
定数項が0 $(b=0)$ のとき，
y は x に比例するという。
→比例は，1次関数の特別な形。

👉覚えよう

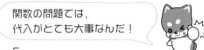

― 1次関数 ―
　　　　┌ x に比例する項
　　　　↓
$y=\underline{ax}+\underline{b}\,(a,\ b$ は定数，$a\neq0)$
　　　　　　↑定数項

☑ 1次関数 $y=2x+1$ で，x と y の値の対応は，右の表のようになる。

x	…	-3	-2	-1	0	1	2	3	…
y	…	-5	-3	-1	1	3	5	7	…

👉覚えよう　一方の値を関数の式に代入すると，もう一方の値が求められる。

関数の問題では，代入がとても大事なんだ！

例）　$x=2$ に対応する y の値は，$y=2\times2+1=5$
　　　$y=-3$ に対応する x の値は，$-3=2x+1$ より，$2x=-4$　$x=-2$

確認問題

 1 1次関数の式　次のア～オのうち，y が x の1次関数であるものを記号で答えましょう。

ア　$y=\dfrac{12}{x}$　　イ　$y=-x+4$　　ウ　$y=2x^2$　　エ　$y=3x$　　オ　$y=\dfrac{1}{2}x-3$

 2 1次関数の式　次のア～オについて，y を x の式で表しましょう。また，y が x の1次関数であるものを記号で答えましょう。

比例は $y=ax$，反比例は $y=\dfrac{a}{x}$ だったね。

ア　1辺が $x$cm の正方形の面積 $y$cm²

イ　底辺が $x$cm，高さが 4cm の三角形の面積 $y$cm²

ウ　12km の道のりを，時速 4km で x 時間進んだときの残りの道のり $y$km

エ　容積が 60L の水そうに，毎分 xL ずつ水を入れるときの満水になるまでの時間 y 分

オ　1個 50g のおもり x 個を，重さが 200g の箱に入れたときの全体の重さ yg

 3 x と y の値　右の表は，1次関数 $y=2x+3$ で，対応する x と y の値をまとめたものです。表の空欄ア～ウにあてはまる数を求めましょう。

x	…	-3	-2	-1	0	1	2	3	…
y	…	ア	-1	イ	3	5	ウ	9	…

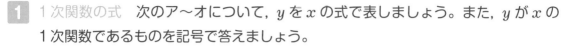

1 1次関数の式　次のア～オについて，y を x の式で表しましょう。また，y が x の1次関数であるものを記号で答えましょう。

ア　15km の道のりを時速 $x$km で進んだときにかかる時間 y 時間

イ　1辺が $x$cm の正三角形の周の長さ $y$cm

ウ　1個 180 円のケーキを x 個買って，1000 円出したときのおつり y 円

エ　20L の水が入っている水そうに毎分 3L ずつ水を入れたとき，水を入れ始めてから x 分後の全体の水の量 yL

オ　周の長さが 30cm の長方形の縦の長さ $x$cm と横の長さ $y$cm

2 x と y の値　次の問いに答えましょう。

(1) 右の表は，1次関数 $y=2x-1$ で，対応する x と y の値をまとめたものです。

x	$\cdots$	-3	-2	-1	0	1	2	3	$\cdots$
y	$\cdots$	-7	㋐	㋑	-1	1	㋒	5	$\cdots$

　① 表の空欄ア～ウにあてはまる数を求めましょう。

　② $x=6$ に対応する y の値を求めましょう。

(2) 右の表は，1次関数 $y=-3x+5$ で，対応する x と y の値をまとめたものです。

x	$\cdots$	-3	-2	-1	0	1	2	3	$\cdots$
y	$\cdots$	14	11	㋐	5	2	㋑	㋒	$\cdots$

　① 表の空欄ア～ウにあてはまる数を求めましょう。

　② $x=9$ に対応する y の値を求めましょう。

　③ $y=20$ に対応する x の値を求めましょう。

2 変化の割合

x と y の値の変化の関係を知ろう

✔チェックしよう！

 1次関数 $y=ax+b$ で，

$a>0$ のとき，x の値が増加するにつれて，y の値は増加する。

$a<0$ のとき，x の値が増加するにつれて，y の値は減少する。

 変化の割合…x の増加量に対する y の増加量の割合のこと。

👆覚えよう　1次関数 $y=ax+b$ では，変化の割合は一定で，a に等しい。

1次関数 $y=3x-2$

x	…	-3	-2	-1	0	1	2	3	…
y	…	-11	-8	-5	-2	1	4	7	…

✌覚えよう　変化の割合 $=\dfrac{y\text{ の増加量}}{x\text{ の増加量}}=a$

例）　$y=3x-2$ で，変化の割合を求める。

$$\frac{-2-(-5)}{0-(-1)}=3,\quad \frac{1-(-5)}{1-(-1)}=3,\quad \frac{4-(-5)}{2-(-1)}=3$$

 1次関数のグラフとも深く関連することがらだよ！

確認問題

 1 変化の割合　次の1次関数の変化の割合を答えましょう。

(1)　$y=2x+3$　　　　　　(2)　$y=3x+2$

 2 増加量と変化の割合　次の増加量を求めましょう。

 $y=ax+b$ では，x が1増えると，y は a 増えるんだよ。

(1)　1次関数 $y=2x+3$ について

① 　x の増加量が1のときの y の増加量

② 　y の増加量が8のときの x の増加量

(2)　1次関数 $y=-3x+4$ について

① 　x の増加量が1のときの y の増加量

② 　y の増加量が6のときの x の増加量

3 増加量と変化の割合　1次関数において，x,y の増加量が次のとき，変化の割合をそれぞれ求めましょう。

(1)　x の増加量が3のとき，y の増加量が6である。

(2)　x の増加量が4のとき，y の増加量が-12である。

1 増加量と変化の割合　次の増加量を求めましょう。

(1)　1次関数 $y=4x-1$ について

　　① x の増加量が1のときの y の増加量

　　② y の増加量が8のときの x の増加量

(2)　1次関数 $y=-x+5$ について

　　① x の増加量が2のときの y の増加量

　　② y の増加量が−3のときの x の増加量

(3)　1次関数 $y=\dfrac{1}{2}x-3$ について

　　① x の増加量が4のときの y の増加量

　　② y の増加量が3のときの x の増加量

(4)　1次関数 $y=-\dfrac{2}{3}x+1$ について

　　① x の増加量が6のときの y の増加量

　　② y の増加量が1のときの x の増加量

2 増加量と変化の割合　1次関数において，x，y の増加量が次のとき，変化の割合をそれぞれ求めましょう。

(1)　x の増加量が3のとき，y の増加量が−9である。

(2)　x の増加量が−3のとき，y の増加量が−6である。

(3)　x の増加量が2のとき，y の増加量が5である。

(4)　x の増加量が6のとき，y の増加量が−4である。

📈 ステップアップ

3 下の表は，ある1次関数の x と y の関係の一部を表したものです。この1次関数の変化の割合をそれぞれ求めましょう。

(1)

x	$\cdots$	−1	1	3	$\cdots$
y	$\cdots$	−4	0	4	$\cdots$

(2)

x	$\cdots$	−2	1	4	$\cdots$
y	$\cdots$	7	5	3	$\cdots$

3 1次関数のグラフ
グラフのかき方を覚えよう

✔チェックしよう！

☑ 1次関数 $y=ax+b$ のグラフは，
直線 $y=ax$ のグラフを y 軸の正の方向に b だけ平行移動したものである。

👆覚えよう　y 軸上の点 $(0,\ b)$ を通り，傾きが a の直線。
b を直線の切片という。
$a>0$ のとき，グラフは右上がり。
$a<0$ のとき，グラフは右下がり。

1次関数の問題を解くときはグラフをかくようにするよ。

✌覚えよう　**1次関数 $y=ax+b$ のグラフのかき方**

切片 b から y 軸上の1点を決め，傾き a からもう1つの点を決めて，その2つの点を通る直線をひく。

例）　$y=2x-1$
切片が−1だから，$(0,\ -1)$ を通る。
傾き2より，x が1増加すると，y は2増加するから，$(1,\ 1)$ を通る。

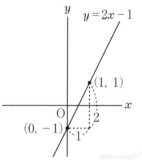

確認問題

✌ **1** 　1次関数のグラフ　1次関数のグラフのかき方を説明
した次の文の □ にあてはまる数を答えましょう。
1次関数 $y=2x+3$ のグラフは，切片が □ なので
y 軸上の点 $(0,\ \boxed{})$ を通る。傾きが □ なので，
x が1増えると y は □ 増えるから，点 $(1,\ \boxed{})$
を通る。$y=2x+3$ のグラフは，これら2点を通る直
線だから，右のようになる。
このグラフは $(-1,\ \boxed{})$，$(-2,\ \boxed{})$ も通る。

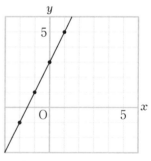

2つの点が決まれば，直線が1つだけ決まるね。

✌ **2** 　グラフの式　1次関数のグラフからその式を求める方法
を説明した次の文の □ にあてはまる数を答えましょう。
グラフは y 軸上の点 $(0,\ \boxed{})$ を通るので，切片は
□ である。また，点 $(1,\ \boxed{})$ を通るので，x の増
加量が1のとき，y の増加量は □ だから，
傾きは □ である。
よって，求める直線の式は，$y=\boxed{}\ x-\boxed{}$

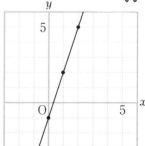

1 1次関数のグラフ　次の1次関数のグラフをかきましょう。

(1)　$y=x+4$

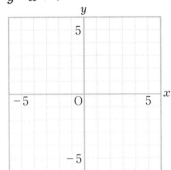

(2)　$y=2x-3$

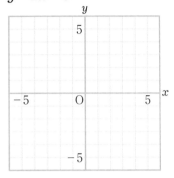

(3)　$y=-3x+4$

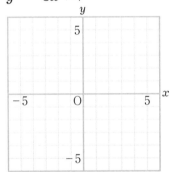

(4)　$y=-\dfrac{2}{3}x+1$

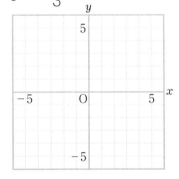

2 グラフの式　次の直線の式を求めましょう。

(1)

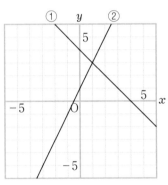

(2)

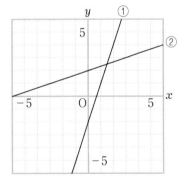

(3)

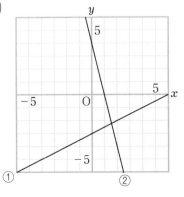

(4)

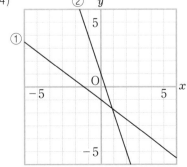

4 1次関数の式の決定

関数の式を求めよう

✔チェックしよう！

 1次関数の式は，次のようにして求める。

覚えよう　①**変化の割合と1組の x，y の値**がわかっている場合

例）　変化の割合が2で，$x=2$ のとき $y=1$ である1次関数

変化の割合が2なので，求める式を $y=2x+b$ とおき，

$x=2$，$y=1$ を代入すると，$1=2\times2+b$ より，$b=-3$　よって，$y=2x-3$

覚えよう　②**2組の x，y の値**がわかっている場合

例）　$x=-1$ のとき $y=3$，$x=1$ のとき $y=-1$ である1次関数

変化の割合 $=\dfrac{-1-3}{1-(-1)}=-2$　求める式を $y=-2x+b$ とおき，$x=1$，

$y=-1$ を代入すると，$-1=-2\times1+b$ より，$b=1$　よって，$y=-2x+1$

※求める式を $y=ax+b$ とおいて，これに2組の x，y の値を代入して，

a，b についての連立方程式をつくり，

それを解いてもよい。

> 直線の式も1次関数の式も同じようにして求めよう。

確認問題

 1 1次関数の式の決定　次の1次関数や直線の式をそれぞれ求めましょう。

(1)　変化の割合が5で，$x=3$ のとき $y=4$　　(2)　変化の割合が -3 で，$x=3$ のとき $y=2$

(3)　傾きが4で，点 $(-3, -7)$ を通る　　(4)　傾きが $\dfrac{1}{2}$ で，点 $(3, 1)$ を通る

 2 直線の式　次の2点を通る直線の式をそれぞれ求めましょう。

(1)　$(0, -2)$，$(1, 1)$　　　　　　　　(2)　$(-1, 8)$，$(1, -2)$

3 直線の式　右の直線の式をそれぞれ求めましょう。

> x 座標，y 座標ともに整数となる点を2つ見つければいいね。

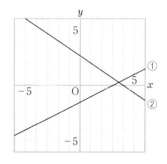

1 1次関数の式の決定　次の1次関数や直線の式をそれぞれ求めましょう。

(1) 変化の割合が3で，$x=-2$ のとき $y=-1$

(2) 変化の割合が $-\dfrac{1}{2}$ で，$x=3$ のとき $y=2$

(3) x が1増加すると，y が2減少し，$x=-4$ のとき $y=7$

(4) 傾きが2で，点$(4,\ 5)$を通る

(5) 傾きが $\dfrac{2}{3}$ で，x 軸との交点の x 座標が -6

(6) 直線 $y=-x+4$ と平行で，点$(2,\ -5)$を通る

2 直線の式　次の2点を通る直線の式をそれぞれ求めましょう。

(1) $(-2,\ 0),\ (1,\ 6)$ 　　　　(2) $(-1,\ 4),\ (3,\ -8)$

(3) $(-6,\ 3),\ (-2,\ 5)$ 　　　　(4) $(-1,\ 3),\ (5,\ -1)$

3 直線の式　右の直線の式をそれぞれ求めましょう。

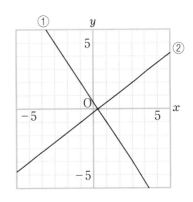

5 1次関数と方程式
直線と方程式の関係を知る

解説動画も
チェック!

✔チェックしよう！

☑ 2元1次方程式 $ax+by=c$ のグラフは
直線である。

☞覚えよう　例）　$x-2y=4$ を y について解くと，$y=\dfrac{1}{2}x-2$ となり，

傾きが $\dfrac{1}{2}$，切片が -2 の1次関数のグラフと一致する。

☑ x 軸，y 軸に平行な直線は，次のように表される。

☞覚えよう　① x 軸に平行な直線は，$y=k$
　　　　　② y 軸に平行な直線は，$x=h$

1次関数と方程式は，同じことがらをちがった見方で見たものなんだ！

確認問題

1 方程式のグラフ　次の文は，方程式 $2x-y=-4$
のグラフのかき方を説明したものです。文中の
□ にあてはまるものをかきましょう。
方程式 $2x-y=-4$ を y について解くと，
$y=$ □ となる。
$x=0$ のとき，$y=$ □
$y=0$ のとき，$x=$ □
よって，このグラフは2点(□，□)，
(□，□)を通る直線なので，右の図のようにな
る。このグラフの傾きは □，切片は □ である。

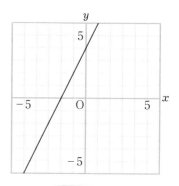

y について解けば，1次関数の式と同じだね。

2 x 軸，y 軸に平行な直線　次の方程式のグラフをかきましょう。
(1)①　$x=4$　　②　$x=-3$

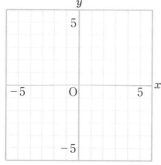

(2)①　$y=-1$　　②　$y=5$

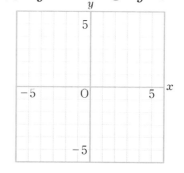

1 方程式のグラフ　次の方程式のグラフをかきましょう。

(1)　$2x - y = 4$

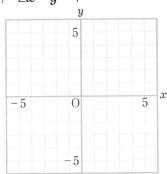

(2)　$3x + y = -4$

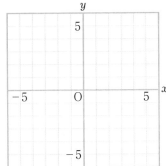

(3)　$2x + 3y = 9$

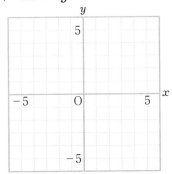

(4)　$2x + 4y = 0$

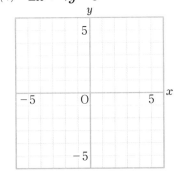

(5)　$-x + 4y = -8$

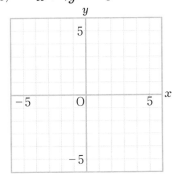

(6)　$x = -2$

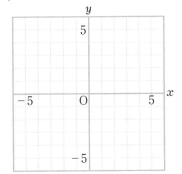

(7)　$y + 3 = 0$

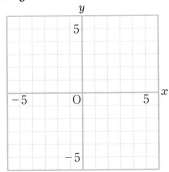

(8)　$2y = 3$

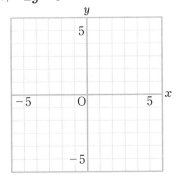

6 連立方程式とグラフ

解と交点の関係を理解する

解説動画も
チェック!

✔チェックしよう！

☑ 連立方程式 $\begin{cases} ax+by=c & \cdots① \\ a'x+b'y=c' & \cdots② \end{cases}$ の解は，直線①，②の交点の座標と一致する。

覚えよう　| 2直線の交点 ⇔ 連立方程式の解 |

直線の交点の座標は，計算で
求められるよ！

確認問題

 1 連立方程式の解と交点の座標　次の連立方程式の解を，グラフをかいて求めま
しょう。

(1) $\begin{cases} 2x+y=4 \\ 3x-y=1 \end{cases}$

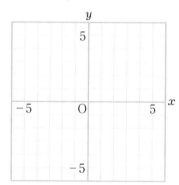

(2) $\begin{cases} x-2y=4 \\ x+y=1 \end{cases}$

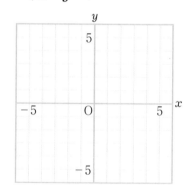

2 連立方程式の解と交点の座標　右の図で，2つの
直線の交点の座標を求めましょう。

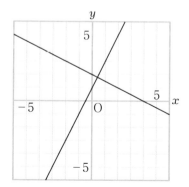

グラフからは交点の座標が読みとれな
いから，計算で求めよう。

1 連立方程式の解と交点の座標　次の連立方程式の解を，グラフをかいて求めましょう。

(1) $\begin{cases} 2x+y=4 \\ x-3y=9 \end{cases}$

(2) $\begin{cases} 3x+2y=6 \\ 2x+y=5 \end{cases}$

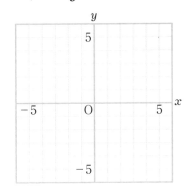

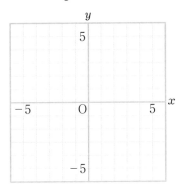

2 連立方程式の解と交点の座標　次のそれぞれの場合について，2つの直線 ℓ, m の交点の座標を求めましょう。

(1)

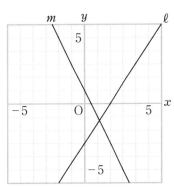

(2)

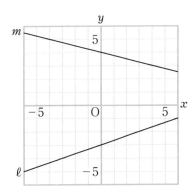

7 1次関数の利用①
速さの問題とグラフ

✔チェックしよう！

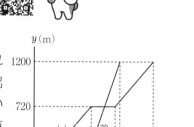

☑ 速さの問題では，進むようすを表すグラフをかいて考える。

例）兄と弟が家を出発し，家から1200m 離れた図書館へ向かった。兄は，家を歩いて出発し，分速60m で図書館へ向かい，家から 720m 離れた公園で 5 分間休んだ後，再び分速60m で図書館まで歩いた。
弟は，兄が出発してから 10 分後，自転車で家を出発し，8 分かけて図書館まで行った。

☑ 兄が出発してからの時間を x 分，そのときの家からの距離を ym とすると，兄と弟が進むようすは，上のグラフのようになる。

グラフを見て，傾きや交点に注目するよ！

2 つのグラフの交点は，弟が兄に追いついたことを表している。
兄のグラフで y の値が一定の部分は，公園で休んでいることを表している。

確認問題

1 速さとグラフ　妹は，9 時ちょうどに家を出発して，家から 1600m 離れた駅に分速80m で歩いて向かいました。妹が出発してから 10 分後，妹の忘れ物を持った姉は家を出発し，分速180m で自転車に乗って妹を追いかけました。次の問いに答えましょう。

(1) 9 時 x 分における家からの距離を ym とします。妹と姉が進むようすを，グラフに表しましょう。ただし，妹は家を出発してから駅に着くまで，姉は家を出発してから妹に追いつくまでとします。

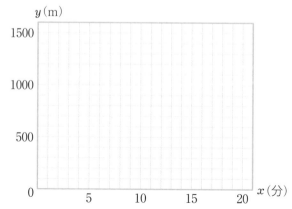

(2) 姉が妹に追いついた時刻を求めましょう。

道のり，速さ，時間の関係を確認しておこうね。

1 速さとグラフ　弟は家を出発して，途中のコンビニエンスストアで買い物をしてから，1200m 離れた駅まで歩いて行きました。この間，弟は一定の速さで歩きました。弟が出発して 19 分後，兄は自転車で家を出発し，分速 200m で駅まで行きました。右のグラフは，弟が出発してからの時間を x 分，家からの距離を ym として，弟が進むようすを表したものです。このとき，次の問いに答えましょう。

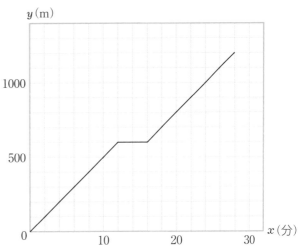

(1) 兄が進むようすを表すグラフを，右にかきましょう。

(2) 弟が歩く速さは分速何 m か，求めましょう。

(3) 兄が弟に追いつくのは，弟が出発してから何分後か，求めましょう。

2 速さとグラフ　A さんの家と公園は 1800m 離れています。A さんは公園を出発して，一定の速さで家に向かいました。お姉さんは，A さんが公園を出発してから 2 分後に家を出発し，一定の速さで公園に向かいました。右のグラフは，A さんが出発してからの時間を x 分，家からの距離を ym として，A さんとお姉さんが進むようすを表したものです。次の問いに答えましょう。

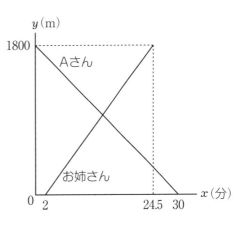

(1) A さんとお姉さんのそれぞれについて，x と y の関係を表す式をかきましょう。

(2) A さんとお姉さんが出会ったのは，A さんが出発してから何分後か，求めましょう。

8 1次関数の利用②

場合分けを理解しよう

✔チェックしよう！

☑ 面積が変化する問題は，場合分けをして考える。

　例）　右の図の長方形 ABCD で，点 P は点 A を出発して，辺上を点 B，C を通って点 D まで秒速 1cm で動く。点 P が出発してから x 秒後の△APD の面積を $y$cm² とすると，x と y の関係は次のようになる。

①点 P が辺 AB 上にあるとき…x の変域は，$0 \leqq x \leqq 4$

　$\triangle APD = \dfrac{1}{2} \times 6 \times x = 3x$（cm²）　よって，$y = 3x$

②点 P が辺 BC 上にあるとき…x の変域は，$4 \leqq x \leqq 10$

　$\triangle APD = \dfrac{1}{2} \times 6 \times 4 = 12$（cm²）　よって，$y = 12$

③点 P が辺 CD 上にあるとき…x の変域は，$10 \leqq x \leqq 14$

　$\triangle APD = \dfrac{1}{2} \times 6 \times (14 - x) = -3x + 42$（cm²）
　よって，$y = -3x + 42$

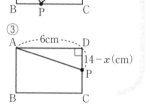

点 P がどの辺上にあるか考えよう。

確認問題

1　場合分け　右の図の長方形 ABCD で，点 P は点 A を出発して，辺上を点 B，C を通って点 D まで，秒速 1cm で動きます。点 P が出発してから x 秒後の△APD の面積を $y$cm² とするとき，次の問いに答えましょう。

(1)　次のそれぞれの場合について，x の変域と，x と y の関係を表す式をかきましょう。

　①　点 P が辺 AB 上にある場合

　②　点 P が辺 BC 上にある場合

　③　点 P が辺 CD 上にある場合

(2)　x と y の関係を，グラフに表しましょう。

点 P のある辺が変わると，x と y の関係も変わるんだよ。

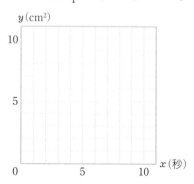

48

1 場合分け　右の図の長方形 ABCD で，点 P は点 B を出発して，辺上を点 C，D を通って点 A まで，秒速 2cm で動きます。点 P が出発してから x 秒後の△ABP の面積を $y$cm² とするとき，次の問いに答えましょう。

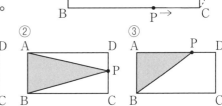

(1) 次のそれぞれの場合について，x の変域と，x と y の関係を表す式をかきましょう。

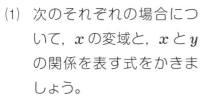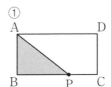

① 点 P が辺 BC 上にある場合

② 点 P が辺 CD 上にある場合

③ 点 P が辺 DA 上にある場合

(2) x と y の関係を，グラフに表しましょう。

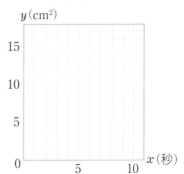

↗ ステップアップ

2 右の図の△ABC で，点 P は頂点 B を出発して，辺上を頂点 C を通って頂点 A まで，秒速 1cm で動きます。点 P が出発してから x 秒後の△ABP の面積を $y$cm² とするとき，次の問いに答えましょう。

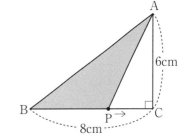

(1) 次のそれぞれの場合について，x の変域と，x と y の関係を表す式をかきましょう。

① 点 P が辺 BC 上にある場合

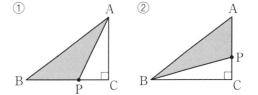

② 点 P が辺 CA 上にある場合

(2) x と y の関係を，グラフに表しましょう。

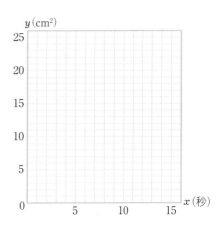

1 平行線と角

角の性質を知ろう

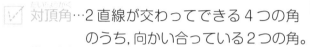

✔チェックしよう！

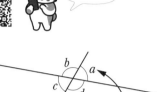

☑ 対頂角…2直線が交わってできる4つの角
のうち, 向かい合っている2つの角。

同位角…図の, $\angle a$ と $\angle e$ のような位置にある角。

錯角……図の, $\angle d$ と $\angle f$ のような位置にある角。

👉 覚えよう 対頂角は等しい。

✌ 覚えよう 平行線の同位角, 錯角は等しい。

角の性質を覚えよう！

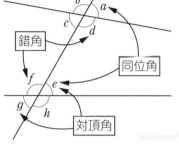

解説動画も
チェック！

確認問題

1 対頂角, 同位角, 錯角 次の角を答えましょう。

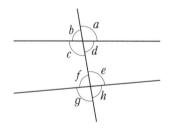

(1) $\angle a$ の対頂角

(2) $\angle c$ の錯角

(3) $\angle d$ の同位角

2 平行線と角 $\ell /\!/ m$ のとき, $\angle a$, $\angle b$ の大きさをそれぞれ求めましょう。

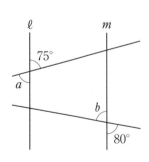

(1)

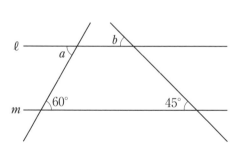

(2)

$\angle a$ は錯角, $\angle b$ は同位角に
注目しよう！

1 対頂角，同位角，錯角　次の角を答えましょう。

(1)① ∠e の対頂角

② ∠f の錯角

③ ∠g の同位角

(2)① ∠b の対頂角

② ∠g の錯角

③ ∠f の同位角

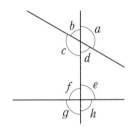

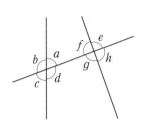

2 平行線と角　$\ell // m$ のとき，次の角の大きさを求めましょう。

(1)① ∠a

② ∠b

③ ∠c

(2)① ∠a

② ∠b

↗ ステップアップ

3 $\ell // m // n$ のとき，次の角の大きさを求めましょう。

(1)① ∠a

② ∠b

③ ∠c

(2) ∠a

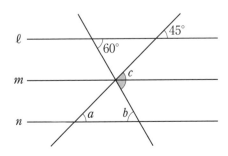

ℓ, m に平行な直線
をひいてみよう!!

2 多角形の角
多角形の内角と外角

✔チェックしよう！

☑ △ABC の∠A，∠B，∠C を内角といい，1 つの辺と，それととなり合う辺の延長がつくる角を外角という。（図1）

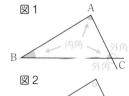

覚えよう　三角形の内角と外角の性質
　　　　①三角形の 3 つの内角の和は 180°
　　　　②三角形の 1 つの外角は，それととなり合わない 2 つの内角の和に等しい。（図2）

☑ 0°より大きく 90°より小さい角を鋭角，90°より大きく 180°より小さい角を鈍角という。

覚えよう

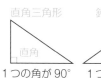

鋭角三角形　　　直角三角形　　　鈍角三角形
3 つの角が鋭角　1 つの角が 90°　1 つの角が鈍角

覚えよう　多角形の内角と外角の和
　　　　① n 角形の内角の和は 180°×（n−2）
　　　　② n 多角形の外角の和は n の値に関係なく 360°

角の様々な用語と性質を覚えておこう！この先でたくさん使うよ。

確認問題

 1 三角形の内角と外角　∠x の大きさをそれぞれ求めましょう。

(1) 85° 55° x

(2) x 48° 72°

(3) 58° x 110°

2 三角形の分類　2 つの内角の大きさが次のような三角形は，鋭角三角形，直角三角形，鈍角三角形のどれか，答えましょう。

(1) 45°，75°　　　　(2) 36°，52°　　　　(3) 27°，63°

3 多角形の内角と外角の和　正八角形の 1 つの外角の大きさを求めましょう。

1 三角形の内角と外角　∠x の大きさをそれぞれ求めましょう。

(1)
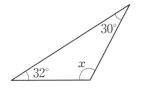

(2)
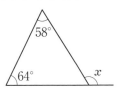

(3)
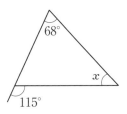

(4)
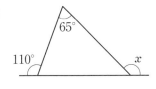

2 多角形の内角と外角　次の問いに答えましょう。

(1)十角形の内角の和を求めましょう。

(2)正十八角形の1つの内角の大きさを求めましょう。

(3)内角の和が 1260° である多角形は何角形ですか。

(4)1つの外角の大きさが 18° である正多角形の内角の和を求めましょう。

3 多角形の内角の和と外角の和　∠x の大きさをそれぞれ求めましょう。

(1)
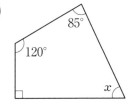

(2)
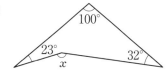

(3)
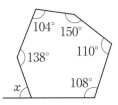

(4)
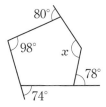

↗ ステップアップ

4 ∠x の大きさをそれぞれ求めましょう。

(1)
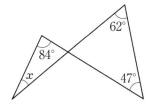

(2)
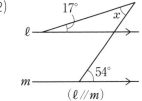

3 三角形の合同
3つの合同条件を覚えよう

✔チェックしよう！

☑ 2つの平面図形について，一方を移動させ
て他方にぴったり重ね合わせることができるとき，
これらの図形は合同であるという。
合同な図形は，四角形 ABCD≡四角形 EFGH のように表す。

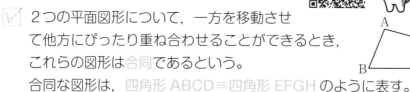

👉覚えよう 合同な図形の対応する線分の長さ，対応する
　　　　　角の大きさはそれぞれ等しい。

> 合同を表すとき，頂点は対応する順に書くよ！

☑ 2つの三角形は，次のどれかが成り立つとき合同である。

✌覚えよう 三角形の合同条件

① 3組の辺がそれぞれ等しいとき
　$a＝a'$，$b＝b'$，$c＝c'$

② 2組の辺とその間の角がそれぞれ等しいとき
　$a＝a'$，$c＝c'$，$\angle B＝\angle B'$

③ 1組の辺とその両端の角がそれぞれ等しいとき
　$a＝a'$，$\angle B＝\angle B'$，$\angle C＝\angle C'$

確認問題

👉 **1** 合同な図形の性質 下の図で，四角形 ABCD≡四角形 EFGH です。次の辺の
長さや角の大きさを答えましょう。

(1) 辺 AB

(2) 辺 FG

(3) ∠B

(4) ∠E

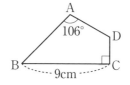
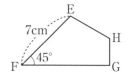

✌ **2** 三角形の合同条件 次の図で，2つの三角形が
それぞれ合同のとき，合同条件を答えましょう。

> 3つの条件の，どれが適しているかな。

(1)

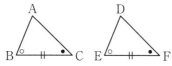

(2)

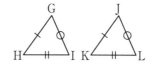

(3)

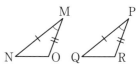

1 合同な図形の性質　次の図で，２つの三角形がそれぞれ合同のとき，辺の長さや角の大きさを答えましょう。

(1)① 　辺 EF

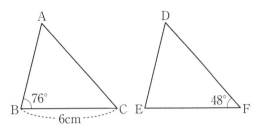

② 　∠C

③ 　∠A

(2)① 　∠H

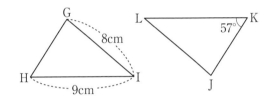

② 　辺 JL

③ 　辺 KL

2 三角形の合同条件　下の図で，合同な三角形の組を選び，記号≡を使って表しましょう。また，そのときに使った合同条件も答えましょう。

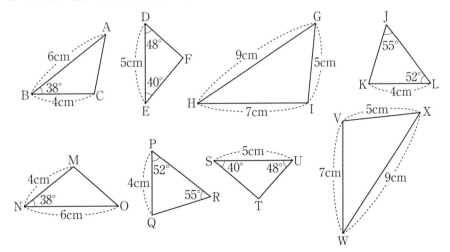

4 証明
証明の進め方を理解しよう

解説動画も
チェック！

✔チェックしよう！

☑ **(ア)ならば(イ)である**，のような形で
表されることがらで，(ア)の部分を仮定，(イ)の部分を結論という。

☑ すでに正しいと認められていることを根拠とし，仮定からすじ道を立てて結論を導くことを証明という。証明は次のように進める。
   ・仮定と結論をはっきりさせる。
   ・①結論を導くために着目すること，②仮定からいえることを考え，さらに，①と②を結びつけるために必要なことがらを考える。
   ・1つ1つのことがらの根拠を明らかにしながら，結論を導く。

自分で図をかいて，その図の中に，等しい
辺や角の情報をかきこんで考えよう！

確認問題

1 仮定と結論　次のことがらについて，仮定と結論を答えましょう。

(1)　△ABC≡△DEF ならば，∠A＝∠D である。

(2)　ある数が4の倍数ならば，その数は偶数である。

2 証明の進め方　右の図で，∠ABC＝∠DBC，
∠ACB＝∠DCB のとき，∠A＝∠D となることを，
次のように証明しました。次の下線部にあてはまるこ
とばや記号を入れて，証明を完成させましょう。

(証明)　△ABC と△DBC において，
仮定より，　∠＿＿＿＿＝∠DBC…①
　　　　　∠ACB＝∠＿＿＿＿…②
2つの三角形に共通な辺だから，＿＿＿＿＝＿＿＿＿…③
①，②，③より，＿＿＿＿＿＿＿＿＿＿＿＿＿＿＿＿＿から，
　　　△ABC≡△DBC
合同な図形の対応する角の大きさは等しいので，
　　　∠＿＿＝∠＿＿

証明問題ではめんどう
くさがらずに，ていね
いに考えよう。

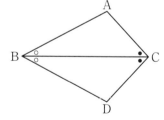

1 仮定と結論　次のことがらについて，仮定と結論を答えましょう。

(1) △ABC において AB＝AC ならば，∠B＝∠C である。

(2) 4 辺の長さが等しい四角形はひし形である。

2 証明の進め方　次の問いに答えましょう。

(1) 図1において，AE＝DE，BE＝CE ならば，△ABE≡△DCE であることを，次のように証明しました。次の下線部にあてはまることばや記号を入れて，証明を完成させましょう。

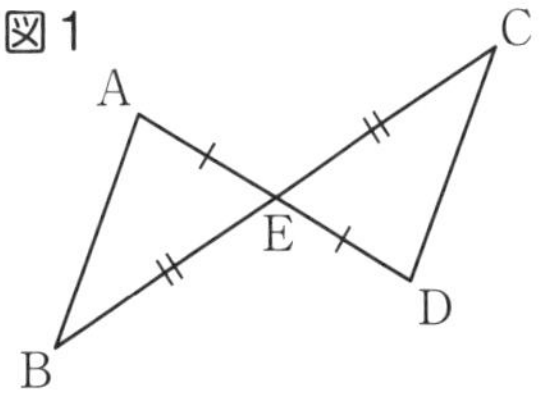

（証明）　△ABE と△DCE において，

仮定より，　AE＝_____ …①

　　　　　　BE＝_____ …②

_____ は等しいから，∠AEB＝∠_____ …③

①，②，③より，_____ から，

　　　△ABE≡△DCE

図1

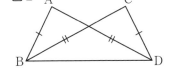

(2) 図2において，AB＝CD，AD＝CB ならば，∠ADB＝∠CBD であることを，次のように証明しました。次の下線部にあてはまることばや記号を入れて，証明を完成させましょう。

（証明）　△ABD と△CDB において，

仮定より，　_____＝CD…①

　　　　　　_____＝CB…②

2 つの三角形に共通な辺だから，_____＝_____…③

①，②，③より，_____ から，

　　　△ABD≡△CDB

合同な図形の対応する角の大きさは等しいので，∠_____＝∠_____

図2

ステップアップ

3 右の図において，AB＝AC，AD＝AE のとき，BD＝CE であることを証明しましょう。

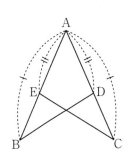

三角形
特別な三角形の性質を知ろう

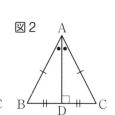

解説動画も
チェック!

✔チェックしよう！

☑ 二等辺三角形…2辺が等しい三角形。
二等辺三角形で，長さの等しい2辺にはさまれた角を頂角，頂角に対する辺を底辺，底辺の両端の角を底角という。

👆 覚えよう **定理** 二等辺三角形の底角は等しい。
図1で，AB＝AC ならば，∠B＝∠C

✌ 覚えよう **定理** 二等辺三角形の頂角の二等分線は，底辺を垂直に2等分する。
図2で，AB＝AC，∠BAD＝∠CAD ならば，AD⊥BC，BD＝CD

☑ 正三角形…3辺がすべて等しい三角形。

🖐 覚えよう **定理** 正三角形の3つの内角は等しい。
図3で，AB＝BC＝CA ならば，∠A＝∠B＝∠C（＝60°）

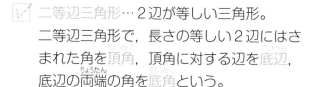
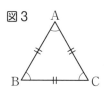

このように，証明されたことがらで重要なものを，定理というんだよ！

確認問題

👆 **1** 特別な三角形の角 ∠x の大きさをそれぞれ求めましょう。

(1)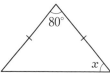
(2)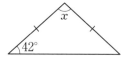
(3)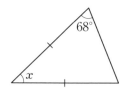

(4)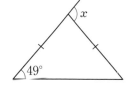
(5)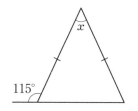
(6)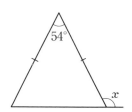

どの角とどの角が等しくなるのか，図にかきこんで考えよう。

1 特別な三角形の角　∠x の大きさをそれぞれ求めましょう。

(1)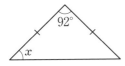

(2)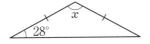

(3)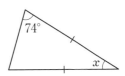

(4)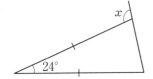

(5)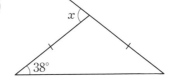

(6)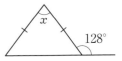

(7)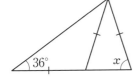

(8)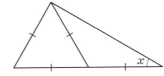

(9)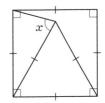

ステップアップ

2 ∠x の大きさをそれぞれ求めましょう。

(1)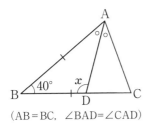

（AB＝BC，∠BAD＝∠CAD）

(2)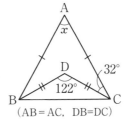

（AB＝AC，DB＝DC）

まず，∠BAD の大きさを求めよう。

△ABC の∠B，∠C の大きさ
は何度かな。

59

2 二等辺三角形になるための条件
ことがらの逆

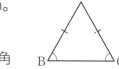

✔チェックしよう！

☑ ことがらの，仮定と結論を入れかえたものを，そのことがらの**逆**という。

　「（ア）ならば（イ）である」の逆は，「（イ）ならば（ア）である」

あることがらが正しくても，その逆が正しいとは限らない。

☑ 二等辺三角形，正三角形について，次のことがいえる。

☞ **覚えよう　定理**　2つの角が等しい三角形は，それらの角を底角とする二等辺三角形である。

右の△ABC で，∠B＝∠C ならば，AB＝AC

☞ **覚えよう　定理**　3つの角が等しい三角形は，正三角形である。

定理をきちんと理解しよう！

確認問題

1 **ことがらの逆**　次のことがらの逆を答えましょう。また，逆が正しいかどうかも答えましょう。

(1)　△ABC≡△DEF ならば，AB＝DE である。

(2)　四角形の内角の和は 360°である。

正しくないことをいうには，成り立たない例を1つだけあげればいいんだよ。

 2 **二等辺三角形になるための条件**　右の図の△ABC で，∠B＝∠C ならば，AB＝AC であることを，次のように証明しました。次の下線部にあてはまることばや記号を入れて，証明を完成させましょう。

（証明）　∠A の二等分線をひき，BC との交点を D とする。

△_____ と△ACD において，

仮定より，∠_____ ＝∠C…①

∠_____ ＝∠CAD…②

三角形の内角の和は 180°だから，①，②より，残りの角も等しいので，

∠_____ ＝∠ADC…③

また，共通な辺だから，_____＝_____…④

②，③，④より，_____から，

△_____ ≡△ACD

合同な図形の対応する辺は等しいので，AB＝AC

1 ことがらの逆　次のことがらの逆を答えましょう。また，逆が正しいかどうかも答えましょう。

(1)　正三角形の3つの角の大きさは等しい。

(2)　2つの数 a，b について，$a>b$ ならば，$a^2>b^2$ である。

2 二等辺三角形になるための条件　右の図は，∠A を頂角とする二等辺三角形 ABC の辺 AC，AB の中点をそれぞれ D，E とし，B と D，C と E を結んだものです。BD と CE の交点を P とすると，△PBC が二等辺三角形になることを，次のように証明しました。次の下線部にあてはまることばや記号を入れて，証明を完成させましょう。

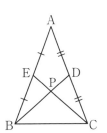

（証明）　△EBC と△DCB において，

仮定より，∠EBC＝∠＿＿＿＿…①

EB＝$\dfrac{1}{2}$＿＿＿＿，DC＝$\dfrac{1}{2}$＿＿＿＿，AB＝AC より，

EB＝DC…②

共通な辺だから，BC＝＿＿＿＿…③

①，②，③より，＿＿＿＿＿＿＿＿＿＿＿＿＿＿＿＿＿＿＿＿＿＿から，

△EBC≡△DCB

よって，△PBC において，∠＿＿＿＿＝∠＿＿＿＿

したがって，△PBC は二等辺三角形である。

3 二等辺三角形になるための条件　右の図のように，AB＝AC の二等辺三角形 ABC の∠A を3等分する直線が，底辺 BC と交わる点を D，E とすると，△ADE は二等辺三角形になります。このことを証明しましょう。

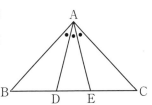

3 直角三角形の合同条件

新たな合同条件を覚えよう

✔ チェックしよう！

解説動画も
チェック！

☑ **直角三角形**

👆 **覚えよう**　直角三角形の直角に対する辺のことを，斜辺という。

👆 **覚えよう**　直角三角形の合同条件

①斜辺と1つの鋭角がそれぞれ等しい。

$c=c'$，$\angle B=\angle B'$

②斜辺と他の1辺がそれぞれ等しい。

$a=a'$，$c=c'$

三角形の合同条件は
全部で5つだよ！

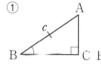

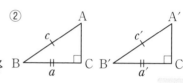

確認問題

1 直角三角形の合同条件　下の図で，合同な三角形の組を選び，記号≡を使って表しましょう。また，そのときに使った合同条件も答えましょう。

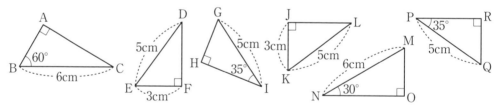

2 直角三角形の合同の証明　右の図のように，∠XOY の二等分線上に点 P をとり，P から OX，OY にひいた垂線を，それぞれ PA，PB とします。このとき，PA＝PB であることを，次のように証明しました。次の下線部にあてはまることばや記号を入れて，証明を完成させましょう。

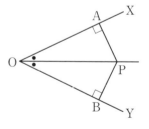

（証明）　△OPA と△OPB において，

仮定より，　∠OAP＝∠＿＿＿＝90°…①

　　　　　　∠POA＝∠＿＿＿　…②

また，共通な辺なので，　＿＿＿＝＿＿＿　…③

①，②，③より，直角三角形の＿＿＿＿＿＿＿＿＿＿＿＿＿から，

△OPA≡△OPB

よって，PA＝PB

PA と PB を対応する辺とする2つの
三角形の合同を証明すればいいね。

練習問題

1 直角三角形の合同条件　下の図で，合同な三角形の組を選び，記号≡を使って表しましょう。また，そのときに使った合同条件も答えましょう。

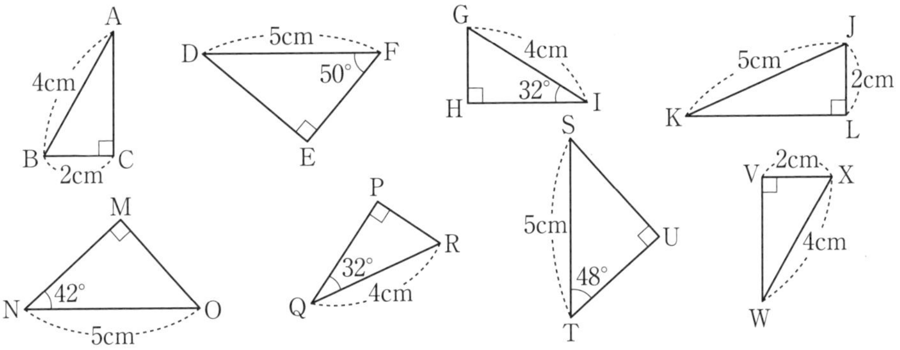

2 直角三角形の合同の証明　右の図のように，∠A=90°である直角三角形ABCの辺BC上に，BD=ABとなる点Dをとります。点Dを通り，辺BCに垂直な直線が辺ACと交わる点をEとすると，AE=DEとなることを，次のように証明しました。次の下線部にあてはまることばや記号を入れて，証明を完成させましょう。

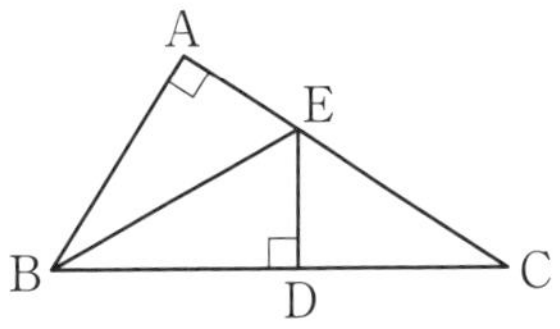

（証明）　△ABEと△DBEにおいて，

仮定より，∠BAE=∠______=90°…①

仮定より，AB=______…②

また，共通な辺だから，______=______…③

①，②，③より，直角三角形の____________________から，

△ABE≡△DBE

よって，AE=DE

3 直角三角形の合同の証明　右の図のように，長方形ABCDの対角線BD上に，点A，Cからひいたた垂線をそれぞれAE，CFとします。このとき，AE=CFであることを証明しましょう。

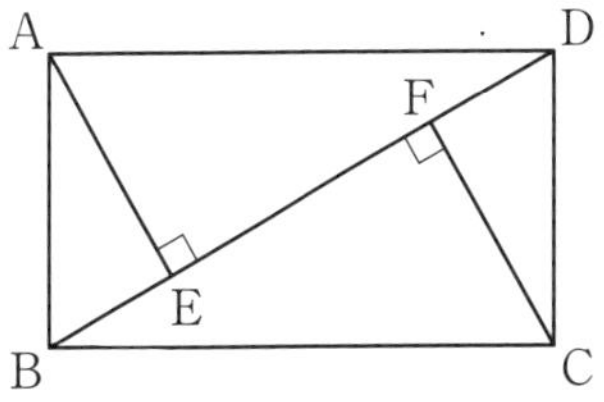

4 平行四辺形の性質

特別な四角形の性質を知ろう

✔チェックしよう！

☑ **平行四辺形の性質**

👆 覚えよう **定義** 2組の向かい合う辺が，それぞれ平行な四角形を平行四辺形という。

✌ 覚えよう **定理**

①2組の向かい合う辺（対辺）はそれぞれ等しい。

②2組の向かい合う角（対角）はそれぞれ等しい。

③対角線はそれぞれの中点で交わる。

よく使われる性質だから，確実に覚えよう！

確認問題

✌ **1** 平行四辺形の性質 次の図で，x の値（あたい）をそれぞれ求めましょう。

(1)

平行四辺形

(2)
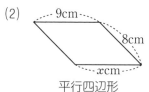
平行四辺形

(3)

平行四辺形

(4)

ひし形

(5)
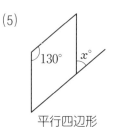
平行四辺形

(6)
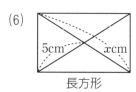
長方形

ひし形や長方形にも平行四辺形の性質があてはまるよ。

64

1 平行四辺形の性質　次の図で，x，y の値をそれぞれ求めましょう。

(1)
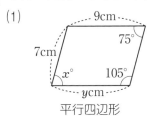
平行四辺形

(2)

平行四辺形

(3)
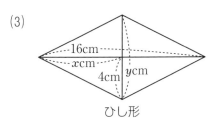
ひし形

(4)
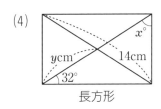
長方形

(5)
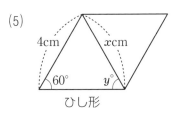
ひし形

(6)
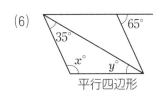
平行四辺形

(1)も(2)も，図の中の二等辺三角形に注目するんだよ。

2 平行四辺形の性質　次の問いに答えましょう。

(1) 右の図で，四角形 ABCD は平行四辺形です。辺 CD の中点を E とし，線分 AE の延長と辺 BC の延長が交わる点を F とすると，AF＝BF となりました。∠F＝48°のとき，∠x の大きさを求めましょう。

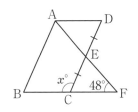

(2) 右の図で，四角形 ABCD は，AB＝6cm，AD＝9cm の平行四辺形です。∠A の二等分線が辺 DC の延長と交わる点を E とするとき，x の値を求めましょう。

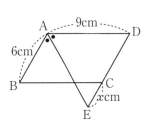

65

5 平行四辺形になるための条件

特別な四角形になるための条件を知る

解説動画も
チェック!

✔チェックしよう！

 覚えよう **平行四辺形になるための条件**

① 2組の対辺がそれぞれ平行である。（定義）

② 2組の対辺がそれぞれ等しい。

③ 2組の対角がそれぞれ等しい。

④ 対角線がそれぞれの中点で交わる。

⑤ 1組の対辺が平行で等しい。

①〜④はわかりやす
いけど，⑤は注意！

覚えよう **特別な平行四辺形**

4つの角が等しい四角形を長方形という。（定義）

→長方形の対角線は長さが等しい。

4つの辺が等しい四角形をひし形という。（定義）

→ひし形の対角線は垂直に交わる。

4つの辺が等しく，4つの角が等しい四角形を正方形という。（定義）

→正方形の対角線は，長さが等しく，垂直に交わる。

確認問題

 1 平行四辺形になるための条件 右の図の四角形 ABCD
が，平行四辺形であるといえるものを，次のア〜エから
すべて選びましょう。

ア AB＝CD，AD＝BC

イ OA＝OC，AC＝BD

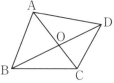
くり返し勉強して，
定理や条件を覚え
よう。

ウ AB∥DC，AD＝BC

エ AB∥DC，AD∥BC

2 特別な平行四辺形 右の図の四角形 ABCD は平行四辺
形です。さらに，次のことがわかっているとき，どのよ
うな四角形になるか答えましょう。

(1) AB＝AD

(2) ∠BAD＝90°

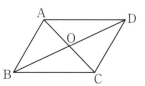

1 平行四辺形になるための条件　右の図の四角形 ABCD が，平行四辺形であるといえるものを，次のア〜エからすべて選びましょう。また，平行四辺形になるためのどの条件にあてはまるかも答えましょう。

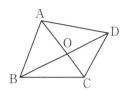

ア　OA＝OC，OB＝OD

イ　AD∥BC，AD＝BC

ウ　∠BAD＝∠BCD，∠ABC＝∠ADC

エ　AB＝AD，BC＝DC

2 特別な平行四辺形　右の図の四角形 ABCD は平行四辺形です。さらに，次のことがわかっているとき，どのような四角形になるか答えましょう。

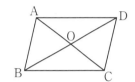

(1)　AC⊥BD

(2)　AC＝BD

(3)　OA＝OB，∠AOB＝90°

↗ ステップアップ

3 右の図1の四角形 ABCD は平行四辺形です。対角線 AC 上に AE＝CF となる点 E，F をとるとき，四角形 EBFD が平行四辺形であることを，次のように証明しました。次の下線部にあてはまることばや記号を入れて，証明を完成させましょう。

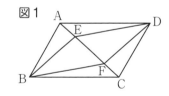

図1

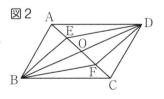

図2

（証明）　図2のように，対角線 AC と BD の交点を O とする。

平行四辺形の対角線は，＿＿＿＿＿＿＿＿＿＿＿＿から，

OA＝＿＿＿＿　…①

OB＝＿＿＿＿　…②

仮定より，AE＝＿＿＿　…③

①，③より，OE＝＿＿＿　…④

②，④より，＿＿＿＿＿＿＿＿＿＿＿＿から，

四角形 EBFD は平行四辺形である。

6 平行線と面積

面積が等しい三角形をさがそう

✔チェックしよう！

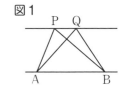

解説動画も
チェック！

☑ 1つの直線上の2点 A，B と，別の直線上
の2点 P，Q について，次のことが成り立つ。(図1)

👆覚えよう　**定理①**　PQ∥AB ならば，△PAB＝△QAB

※△PAB と△QAB は，底辺が共通で，高さが等しい。

✌覚えよう　**定理②**　△PAB＝△QAB ならば，PQ∥AB

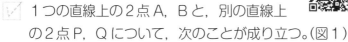

図1

☑ ①を利用して，図2のように，面積を変えずに図形の
形を変えることができる。

※ AC∥DE より，△ADC＝△AEC
よって，四角形 ABCD＝△ABE

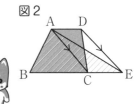

図2

平行な2直線の距
離は一定だから，
高さが等しいよ！

確認問題

👆 **1** 平行線と面積　次の図で，かげをつけた三角形と面積が等しい三角形をいいま
しょう。

(1)

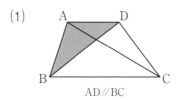

AD∥BC

(2)

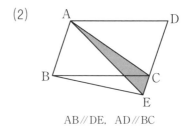

AB∥DE，AD∥BC

2 面積が等しい三角形の作図　下の図の四角形 ABCD で，辺 BC を C の方に延
長した直線上に点 E をとり，△ABE の面積が四角形 ABCD の面積と等しくな
るようにします。点 E の位置を求めて，△ABE をかきましょう。

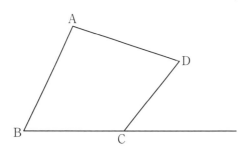

四角形 ABCD を AC で2つ
に分けて，△ACD＝△ACE
となるように点 E を決めよう。

1 平行線と面積　次の図で，かげをつけた三角形と面積が等しい三角形をすべて答えましょう。

(1)
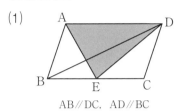
AB∥DC，AD∥BC

(2)
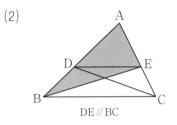
DE∥BC

(3)
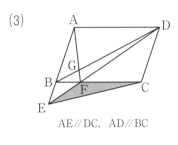
AE∥DC，AD∥BC

(4)
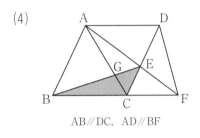
AB∥DC，AD∥BF

(5)
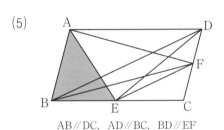
AB∥DC，AD∥BC，BD∥EF

(6)
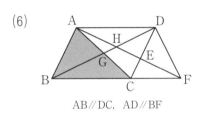
AB∥DC，AD∥BF

2 面積が等しい三角形の作図　下の図の五角形 ABCDE で，辺 CD を延長した直線上の，点 C より左に点 F，点 D より右に点 G をとり，△AFG の面積が五角形 ABCDE の面積と等しくなるようにします。点 F，G の位置を求めて，△AFG をかきましょう。

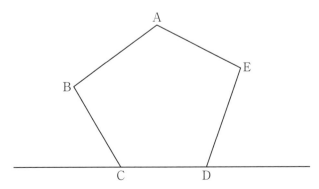

1 四分位数と四分位範囲

データの散らばりを表す数値を考えよう

解説動画もチェック！

✔チェックしよう！

☑ データを値の大きさの順に並べて，
個数で4等分する。4等分した位置にくる値を四分位数という。
小さい方から順に
第1四分位数，
第2四分位数（中央値），
第3四分位数という。

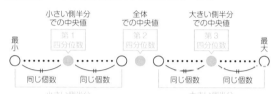

☑ 第1，第3四分位数の求め方
①大きさの順に並べ，等しく2つのグループに分ける。データが奇数個のときは，中央値を除いて分ける。
②分けた2つのグループごとに中央値を調べる。
　第1四分位数＝小さい方のグループの中央値
　第3四分位数＝大きい方のグループの中央値

四分位範囲が大きいほど，データの中央値のまわりの散らばりの程度が大きいといえるよ。

覚えよう　四分位範囲＝（第3四分位数）－（第1四分位数）

確認問題

 1 四分位数の読み取り　次のデータについて，下の問いに答えましょう。

　　2　5　6　6　7　10　12　13　15　18　20

(1) 中央値を求めましょう。

(2) 第1四分位数と第3四分位数を求めましょう。

2 四分位数と四分位範囲の計算　次のデータについて，下の問いに答えましょう。

　　5　9　3　4　1　10　6　2　3　9　7　6

(1) データを小さい順に並べましょう。

(2) 四分位数を求めましょう。

(3) 四分位範囲を求めましょう。

1 四分位数　ある中学校の2年生21人のハンドボール投げの記録は次のようになりました。

17　20　27　14　15　12　22　19　20　20　11
13　24　16　17　25　24　14　30　26　22　　（m）

(1)　四分位数を求めましょう。

(2)　四分位範囲を求めましょう。

2 四分位範囲　ある中学2年生のクラスを，2グループにわけて10点満点の漢字のテストを行ったところ，結果は次のようになりました。

グループA：　5　10　7　0　8　1　3　4　8　9　6　6
グループB：　9　4　9　6　2　8　9　3　7　2　　（点）

(1)　グループAとグループBの四分位範囲を求めましょう。

(2)　中央値まわりの散らばりが大きいのはどちらのグループですか。

↗ ステップアップ

3 度数分布表と四分位数　ある交差点における車の交通量（通過した車の台数）を30日間調べ，度数分布表にまとめました。

(1)　交通量の中央値がふくまれている階級を答えましょう。

階級（台）	度数（日）
以上　未満 20 ～ 30	2
30 ～ 40	6
40 ～ 50	8
50 ～ 60	9
70 ～ 80	4
80 ～ 90	1

(2)　交通量の第1四分位数と第3位四分位数がふくまれている階級をそれぞれ答えましょう。

> 表から，交通量が20台以上30台未満だった日が2日あったと読み取れるね！

2 箱ひげ図とその利用

データの散らばりを図にしよう

✔チェックしよう！

 解説動画も
チェック！

☑ 四分位数を用いて，データの散らばりの
ようすを分かりやすく表した図を箱ひげ図という。

箱……四分位範囲のふくまれるデータの部分。
　　　（ほかのデータと大きく離れた値の影響を受けにくい部分。）

ひげ…四分位範囲外のデータの部分。

 箱の部分を見ると，
中央値まわりの散らば
り方がよく分かるね。

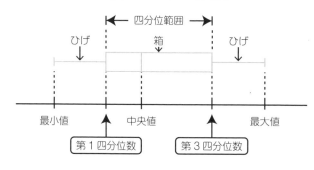

箱ひげ図をかくと，複数
のデータの散らばりの程
度が比べやすくなるよ！

確認問題

1 箱ひげ図の作成　次のデータについて，下の問いに答えましょう。

　　　1　2　4　4　5　6　7　7　9

(1) 四分位数を求めましょう。

(2) このデータの箱ひげ図を，右の図にかき
入れましょう。

0 1 2 3 4 5 6 7 8 9 10

2 箱ひげ図からの読み取り　次の箱ひげ図は，あるクラスで10点満点の英単語テスト
を行った結果を表したものです。

(1) 四分位数を求めましょう。

(2) 四分位範囲を求めましょう。

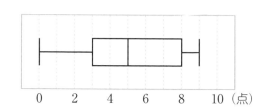

0　　2　　4　　6　　8　　10（点）

1 箱ひげ図と散らばり　次のデータは A 地点と B 地点のある時間帯における歩行者の人数を 10 日間調べた結果です。

A 地点：　20　28　30　34　38　42　47　50　53　60
B 地点：　10　19　20　26　33　37　40　45　49　55

(1)　A 地点と B 地点の箱ひげ図を，右の図に並べてかき入れましょう。

(2)　データの散らばりの程度が大きいのは A 地点と B 地点のどちらであると考えられますか。

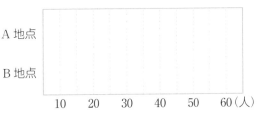

2 箱ひげ図からの読み取り　右の図は，ある飲食店でランチタイムに各メニュー（日替わり定食，ふんわりオムライス，スパイシーカレー，こってりラーメン）の注文回数について，31 日間調べたデータの箱ひげ図です。次の問いにあてはまるメニューをすべて答えましょう。

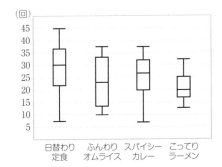

(1)　範囲がもっとも大きいメニュー

(2)　四分位範囲がもっとも小さいメニュー

(3)　1 日の注文回数が 25 回を超えた日が 16 日以上あったメニュー

(4)　1 日の注文回数が 15 回未満の日が 8 日以上あったメニュー

3 ヒストグラムと箱ひげ図　右のヒストグラムは，A 市について，ある月の 30 日間の日ごとの最高気温のデータをまとめたものです。右下の①〜④が A 市をふくむ 4 つの都市に対応する箱ひげ図であるとき，A 市のものはどれでしょうか。

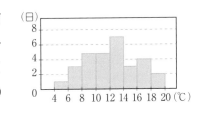

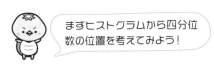

まずヒストグラムから四分位数の位置を考えてみよう！

73

1 確率とは
確率の意味を理解しよう

✔チェックしよう！

- ☑ あることがらの起こることが期待される
  程度を表す数を，そのことがらの起こる確率という。
  起こる場合が全部で n 通りあり，どれが起こることも同様に確からしいとする。そのうち，ことがら A の起こる場合が a 通りであるとき，

  ことがら A の起こる確率 $p = \dfrac{a}{n}$

  👆覚えよう

  ことがら A の起こる確率 ＝ $\dfrac{\text{ことがら A の場合の数}}{\text{全体の場合の数}}$

- ☑ 場合の数をもれなく，重複なく数えあげるには，表や樹形図を用いる。

  例）A，B，C の 3 人を 1 列に並べる方法

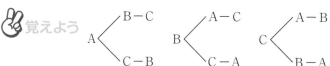

木のように枝わかれしていくから樹形図というんだ！

確認問題

👉 **1** 確率　1つのさいころを投げるとき，次の確率を求めましょう。

(1) 1 の目が出る確率

(2) 偶数（ぐうすう）の目が出る確率

👉 **2** 樹形図　1 枚のコインを続けて 2 回投げるとき，その表と裏の出方について，次の問いに答えましょう。

(1) 次の図は，コインの表が出ることを○，裏が出ることを×として，表と裏の出方を樹形図に表そうとしたものです。（　）にあてはまる記号をかいて，樹形図を完成させましょう。

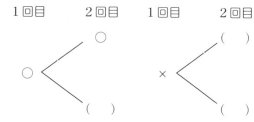

場合の数を数えるときは，もれなく，重複なくだよ。

(2) 1 枚のコインを続けて 2 回投げるとき，表と裏が 1 回ずつ出る確率を求めましょう。

1 確率　ジョーカーを除く 52 枚のトランプから 1 枚をひくとき，次の確率を求めましょう。

(1)　ひいたカードが A（エース）である確率

(2)　ひいたカードがダイヤである確率

(3)　ひいたカードが絵札である確率

2 樹形図と確率　3 枚のコインを同時に投げるとき，表，裏の出方について，次の問いに答えましょう。

(1)　3 枚のコインの表と裏の出方は，全部で何通りありますか。樹形図をかいて求めましょう。

(2)　3 枚とも表になる確率を求めましょう。

(3)　2 枚が表で，1 枚が裏になる確率を求めましょう。

3 確率　1，2，3 のカードが 1 枚ずつあります。これら 3 枚のカードを並べてできる 3 けたの整数について，次の問いに答えましょう。

(1)　百の位が 1 である整数は何通りできますか。

(2)　3 けたの整数は全部で何通りできますか。

(3)　できた 3 けたの整数が奇数である確率を求めましょう。

2 いろいろな確率①
表を利用しよう

✔ チェックしよう！

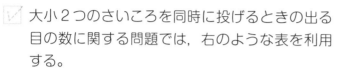

☑ 大小2つのさいころを同時に投げるときの出る目の数に関する問題では，右のような表を利用する。

例）　出る目の数の和が10以上になる確率

2つのさいころの目の出方…6×6＝36（通り）

出る目の数の和が10以上になる場合…6通り

よって，確率は，$\dfrac{6}{36} = \dfrac{1}{6}$

大＼小	1	2	3	4	5	6
1	2	3	4	5	6	7
2	3	4	5	6	7	8
3	4	5	6	7	8	9
4	5	6	7	8	9	10
5	6	7	8	9	10	11
6	7	8	9	10	11	12

☑ ことがらAが起こらない確率は，次のように求める。

👆覚えよう　（ことがらAが起こらない確率）＝1－（ことがらAが起こる確率）

「〜でない」，「少なくとも〜である」といった確率を求めるときには，起こらない確率を考えると，簡単に求められることがある。

場合の数をもれなく，重複なく数えるための工夫だよ！

確認問題

1 **2つのさいころ**　大小2つのさいころを同時に投げるとき，出る目の数について，次の問いに答えましょう。

(1)　さいころの目の出方は全部で何通りありますか。

(2)　出る目の数の和が5になる確率を求めましょう。

(3)　出る目の数の和が5以下になる確率を求めましょう。

(4)　出る目の数の和が6の倍数になる確率を求めましょう。

2つのさいころの目の数を表にまとめようね。

👆(5)　少なくとも一方の目の数が奇数である確率を求めましょう。

1 2けたの整数　$\boxed{1}$, $\boxed{2}$, $\boxed{3}$, $\boxed{4}$, $\boxed{5}$ のカードが2枚ずつあります。この中から2枚のカードを続けて取り出し，1枚目に取り出したカードの数を十の位，2枚目に取り出したカードの数を一の位として2けたの整数をつくるとき，次の問いに答えましょう。

(1) 右の表は，できる2けたの整数をまとめようとしたものです。表の空欄にあてはまる数をかいて，表を完成させましょう。

十の位＼一の位	1	2	3	4	5
1	11	12			
2					
3					
4					
5					

(2) できる整数が40以上になる確率を求めましょう。

(3) できる整数が奇数になる確率を求めましょう。

(4) できる整数が4の倍数である確率を求めましょう。

2 2つのさいころ　大小2つのさいころを同時に投げるとき，次の確率を求めましょう。

(1) 出る目の数の積が12以上になる確率

(2) 大きいさいころの目の数が小さいさいころの目の数より大きくなる確率

(3) 出る目の数の和が素数になる確率

(4) 少なくとも一方の目の数が6の約数である確率

(5) 少なくとも一方の目の数が4以上になる確率

3 いろいろな確率②

樹形図を使いこなそう

✔チェックしよう！

☑ 青玉が３個，白玉が２個入った袋から，同時に２個の玉を取り出すとき，青玉
と白玉が１個ずつになる確率は，次のように樹形図をかいて求める。

青玉を１～３，白玉を①，②とすると，
図より，玉の選び方は 10 通り。
青玉と白玉が１個ずつになるのは，6通り。

よって，確率は，$\dfrac{6}{10} = \dfrac{3}{5}$

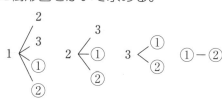

☑ ２本の当たりくじが入った５本のくじを，Ａが先に１本ひき，続いてＢが１本
ひくとき，Ｂが当たる確率は，次のように樹形図をかいて求める。

当たりくじを１，２，はずれ
くじを①～③とすると，２人
のくじのひき方は，5×4＝20
（通り）だから，Ｂが当たる確率
は，$\dfrac{8}{20} = \dfrac{2}{5}$

同じ色の玉も区
別して表すこと
が大切だよ。

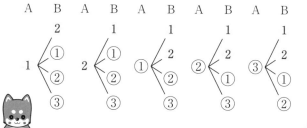

確認問題

1 **玉の取り出しの問題**　赤玉が２個，白玉が４個入った袋の中から，同時に２個の玉
を取り出すことについて，次の問いに答えましょう。

(1) 右の図は，赤
玉を１，2，
白玉を①，②，
③，④として，
玉の取り出し
方を表そうと

したものです。図の続きをかいて，樹形図を完成させましょう。

(2) 玉の取り出し方は全部で何通りありますか。

(3) 赤玉と白玉が１個ずつになる確率を求めましょう。

樹形図を
ていねいにかこう！

(4) 少なくとも１個は赤玉である確率を求めましょう。

1 くじ引きの問題　2本の当たりくじが入った6本のくじがあります。先にAが1本ひき，続いてBが1本ひくとき，次の問いに答えましょう。

(1) 当たりくじを①，②，はずれくじを $\boxed{1}$，$\boxed{2}$，$\boxed{3}$，$\boxed{4}$ として，2人のくじのひき方を樹形図に表しましょう。

(2) Bが当たる確率を求めましょう。

(3) 少なくとも1人は当たる確率を求めましょう。

ステップアップ

2 赤玉が2個，青玉が2個，白玉が3個入った袋の中から，同時に2個の玉を取り出すことについて，次の問いに答えましょう。

(1) 赤玉を $\boxed{1}$，$\boxed{2}$，青玉を $\triangle_1$，$\triangle_2$，白玉を①，②，③として，玉の取り出し方を樹形図に表しましょう。

(2) 赤玉と青玉を1個ずつ取り出す確率を求めましょう。

(3) 2種類の色の玉を取り出す確率を求めましょう。

初版
第1刷 2021年7月1日 発行

●編 者
　　数研出版編集部
●カバー・表紙デザイン
　　株式会社クラップス

発行者　星野 泰也

ISBN978-4-410-15532-1

新課程 とにかく基礎 中2数学

発行所　数研出版株式会社

本書の一部または全部を許可なく
複写・複製することおよび本書の
解説・解答書を無断で作成するこ
とを禁じます。

〒101-0052 東京都千代田区神田小川町2丁目3番地3
　　　　　〔振替〕00140-4-118431
〒604-0861 京都市中京区烏丸通竹屋町上る大倉町205番地
〔電話〕代表 (075)231-0161
ホームページ https://www.chart.co.jp
印刷　創栄図書印刷株式会社
　　　乱丁本・落丁本はお取り替えいたします 210601

第1章　式の計算

1　単項式と多項式

確認問題 ──────── 4ページ

1 単項式　ア，ウ，オ　　多項式　イ，エ
2 (1) 1　　(2) 3　　(3) 2　　(4) 3
3 (1) $5x$　　　　　　　(2) $2a$
  (3) x　　　　　　　(4) $-4x-1$

練習問題 ──────── 5ページ

1 単項式　ア，ウ　　多項式　イ，エ，オ
2 (1) 2　　(2) 3　　(3) 3　　(4) 4
3 (1) $-5x$　　　　　　(2) $-5a$
  (3) $-4x-5y$　　　　(4) $-2a-2$
  (5) $2x^2$　　　　　　(6) $5a^2-4a$
  (7) $-3x^2+7x$　　　(8) $-7a^2-3a$

2　多項式の加法と減法

確認問題 ──────── 6ページ

1 (1) $4x+5y$　　　　　(2) $3x-7y$
  (3) $a-4b$　　　　　(4) $2x-5y$
2 (1) $3x+2y$　　　　　(2) $-3a+2b$
  (3) $3x-5y$　　　　　(4) $-2a-3b$

練習問題 ──────── 7ページ

1 (1) $3x-3y$　　　　　(2) $-4a+6b$
  (3) $-3x^2-5x$　　　(4) $7a-7b-4$
  (5) $-3x^2+5x-11$ (6) $-4x^2-2x+5$
2 (1) $-2x-5y$　　　　(2) $5x-3y$
  (3) $-2x^2-6x$　　　(4) $3a-2b-5c$
  (5) $3x^2-2x-1$　　(6) $-2x-2y+5$
3 (1) $-x+2y$　　　　　(2) $5x-8y$

練習問題の解説
3 (1) $(2x-3y)+(-3x+5y)$
    $=2x-3y-3x+5y=-x+2y$
  (2) $(2x-3y)-(-3x+5y)$
    $=2x-3y+3x-5y=5x-8y$

3　多項式と数の乗法，除法

確認問題 ──────── 8ページ

1 (1) $2x-4y$　　　　　(2) $-3x+12y$
  (3) $-10a+15b$　　　(4) $-8x-6y$
2 (1) $3a+2b$　　　　　(2) $3x-2y$
  (3) $-2a+3b$　　　　(4) $-3x+5y$

練習問題 ──────── 9ページ

1 (1) $4a-12b$　　　　(2) $3x-9y$
  (3) $-9x+6y$　　　　(4) $-15m+6n$
  (5) $3x-2y$　　　　　(6) $-3a+9b-6c$
  (7) $-8x+4y-10z$
  (8) $-6x^2+4x+10$
2 (1) $2x-3y$　　　　　(2) $2a-5b$
  (3) $3x^2-2x-4$　　(4) $-\dfrac{1}{2}x+\dfrac{3}{2}y$
  (5) $4a+6b-2c$　　　(6) $-15x+20y$

練習問題の解説
2 (6) $(9x-12y)\div\left(-\dfrac{3}{5}\right)=(9x-12y)\times\left(-\dfrac{5}{3}\right)$
    $=-15x+20y$

4　いろいろな計算

確認問題 ──────── 10ページ

1 (1) $5x+7y$　　　　　(2) $2x+2y$
  (3) $-2a-8b$　　　　(4) $-m+n$
2 (1) $\dfrac{5x+y}{6}$　　　　　(2) $\dfrac{3x+y}{4}$
  (3) $\dfrac{13x+2y}{6}$　　　　(4) $\dfrac{-a-11b}{12}$

練習問題 ──────── 11ページ

1 (1) $x-y$　　　　　　(2) $9x-5y$
  (3) $4a+2b$　　　　　(4) $3y$
  (5) $2x+8y-10$　　　(6) $-2x-y-12$
2 (1) $\dfrac{7x+y}{4}$　　　　　(2) $\dfrac{7x-7y}{6}$
  (3) $\dfrac{-2x+23y}{12}$　　　(4) $\dfrac{a-8b}{12}$
  (5) $\dfrac{11x-9y}{20}$　　　　(6) $\dfrac{-a+11b}{24}$

5 単項式の乗法，除法

確認問題 ———— 12 ページ

1 (1) $12xy$ (2) $-6ab$
   (3) $-8x^2y$ (4) x^2
2 (1) 4 (2) $3b$
   (3) $-x^2$ (4) $-2x$
   (5) $-6a^2$ (6) $-5ab$

練習問題 ———— 13 ページ

1 (1) $6x^2y$ (2) $3xy^2$
   (3) $16a^2$ (4) $-2x^3$
   (5) $12ab^2$ (6) $4x^2y^2$
   (7) $\dfrac{1}{4}ab^3$ (8) $\dfrac{1}{5}x^2y^2$
2 (1) $-5x$ (2) $-4a$
   (3) $4xy$ (4) $-3x$
   (5) $\dfrac{1}{2}ab$ (6) $3x$
   (7) $3a$ (8) $-8x$

練習問題の解説

2 (7) $5a^3 \div \dfrac{5}{3}a^2 = 5a^3 \times \dfrac{3}{5a^2} = 3a$

 (8) $6x^2y \div \left(-\dfrac{3}{4}xy\right) = 6x^2y \times \left(-\dfrac{4}{3xy}\right) = -8x$

6 乗法と除法の混じった計算

確認問題 ———— 14 ページ

1 (1) $4a^2$ (2) $2ab$
   (3) $2y^2$ (4) -3
   (5) $10y^2$ (6) $6a^2$
   (7) $2x$ (8) $-2xy$

練習問題 ———— 15 ページ

1 (1) $2x^2$ (2) $-3xy^2$
   (3) $-2b$ (4) $4x$
   (5) $-9ab^2$ (6) $-8xy^3$
   (7) $-x$ (8) $2x$
   (9) $6xy$ (10) $-3x^2$
   (11) $-4ab$ (12) $2y^2$
   (13) $-b^2$ (14) $2xy^2$
   (15) $-\dfrac{1}{9}a^3$ (16) $-24a^3b$

練習問題の解説

1 (11) $48a^2b^3 \div (-2b)^2 \div (-3a)$

   $= 48a^2b^3 \div 4b^2 \div (-3a)$

   $= 48a^2b^3 \times \dfrac{1}{4b^2} \times \left(-\dfrac{1}{3a}\right) = -4ab$

 (14) $\dfrac{1}{2}x^2y \div \dfrac{3}{4}x \times 3y$

   $= \dfrac{1}{2}x^2y \times \dfrac{4}{3x} \times 3y = 2xy^2$

 (16) $12a^2b \div \left(-\dfrac{9}{2}a\right) \times (-3a)^2$

   $= 12a^2b \times \left(-\dfrac{2}{9a}\right) \times 9a^2 = -24a^3b$

7 式の値

確認問題 ———— 16 ページ

1 (1) -5 (2) 8
   (3) 24 (4) 5
2 (1) 15 (2) -7
   (3) -12 (4) 8

練習問題 ———— 17 ページ

1 (1) 12 (2) 12
   (3) -12 (4) 44
2 (1) 12 (2) -30
   (3) -8 (4) 24
3 (1) 4 (2) $\dfrac{10}{9}$
   (3) -8 (4) -2

練習問題の解説

3 (3) $2(x-2y)-4(2x-3y)$

   $= 2x-4y-8x+12y$

   $= -6x+8y = -6 \times \dfrac{2}{3} + 8 \times \left(-\dfrac{1}{2}\right)$

   $= -4-4 = -8$

 (4) $24x^2y \div (-6x) \times 3y$

   $= 24x^2y \times \left(-\dfrac{1}{6x}\right) \times 3y = -12xy^2$

   $= -12 \times \dfrac{2}{3} \times \left(-\dfrac{1}{2}\right)^2 = -12 \times \dfrac{2}{3} \times \dfrac{1}{4} = -2$

8 文字式の利用

確認問題 ———— 18 ページ

1 $n-1$, $n+1$, $n-1$, $n+1$, $3n$, $3n$
2 $2n-1$, $2n-1$, $2m+2n-2$, $m+n-1$
   $m+n-1$, $m+n-1$

1 $10x+y$, $10y+x$, $10x+y$, $10y+x$
$11x+11y$, $x+y$, $x+y$, $x+y$

2 m, n を整数とすると，奇数は $2m-1$，
偶数は $2n$ と表される。
したがって，それらの和は，
$(2m-1)+2n=2m+2n-1=2(m+n)-1$
$m+n$ は整数だから，$2(m+n)-1$ は奇
数である。
よって，奇数と偶数の和は奇数である。

3 まん中の数を n とすると，右上の数は
$n-6$，左下の数は $n+6$ と表される。
したがって，それらの和は，
$(n-6)+n+(n+6)=3n$
よって，ななめに並んだ 3 つの数の和は，
まん中の数の 3 倍になる。

9 等式の変形

1 (1) $x=2y+6$ (2) $y=2x-5$

(3) $x=\dfrac{-3y+4}{2}$ (4) $b=\dfrac{2}{a}$

(5) $x=\dfrac{2y+6}{3}$ (6) $y=\dfrac{p-3}{2x}$

2 (1) $a=\dfrac{8}{b}$ (2) $b=\dfrac{a}{2}-1$

(3) $y=\dfrac{a}{3}-x$ (4) $c=\dfrac{3(a-1)}{b}$

1 (1) $x=\dfrac{3y+6}{2}$ (2) $a=3b-1$

(3) $y=\dfrac{3}{x}$ (4) $r=\dfrac{\ell}{2\pi}$

(5) $x=\dfrac{4y-6}{3}$ (6) $y=\dfrac{-5x+2}{4}$

(7) $x=\dfrac{y+2}{3}$ (8) $h=\dfrac{S}{2\pi r}$

(9) $b=a+c-\dfrac{m}{3}$ (10) $x=\dfrac{n-y}{10}$

2 (1) $a=\dfrac{2S}{h}$ (2) $b=\dfrac{\ell}{2}-a$

(3) $a=\dfrac{S}{\pi r}-r$ (4) $h=\dfrac{3V}{\pi r^2}$

(5) $b=2m-a$ (6) $a=\dfrac{2S}{h}-b$

第2章 連立方程式

1 加減法

1 (1) $(x, y)=(2, 1)$ (2) $(x, y)=(1, 3)$
(3) $(x, y)=(-1, 2)$ (4) $(x, y)=(2, -3)$

2 (1) $(x, y)=(1, 1)$ (2) $(x, y)=(2, -2)$
(3) $(x, y)=(4, 1)$ (4) $(x, y)=(-2, 3)$

1 (1) $(x, y)=(3, 1)$ (2) $(x, y)=(1, 2)$
(3) $(x, y)=(2, -1)$ (4) $(x, y)=(4, 3)$
(5) $(x, y)=(-2, 3)$ (6) $(x, y)=(5, 2)$

2 (1) $(x, y)=(2, -4)$ (2) $(x, y)=(-1, 3)$
(3) $(x, y)=(2, -3)$ (4) $(x, y)=(5, 3)$
(5) $(x, y)=(-1, -3)$ (6) $(x, y)=(3, -2)$
(7) $(x, y)=(6, 4)$ (8) $(x, y)=(3, 7)$

練習問題の解説

2 (7) $\begin{cases} 200x-100y=800 \cdots① \\ 3x+y=22 \qquad \cdots② \end{cases}$

①÷100 $2x-y=8$

② $\underline{+)\ 3x+y=22}$
        $5x\qquad=30$ $x=6$

$x=6$ を②に代入して，$18+y=22$
                       $y=4$

2 代入法

1 (1) $(x, y)=(2, 1)$ (2) $(x, y)=(3, 2)$
(3) $(x, y)=(4, -1)$ (4) $(x, y)=(3, -2)$
(5) $(x, y)=(3, 5)$ (6) $(x, y)=(-1, 3)$
(7) $(x, y)=(3, 7)$ (8) $(x, y)=(4, -2)$

1 (1) $(x, y)=(7, 3)$ (2) $(x, y)=(-2, 5)$
(3) $(x, y)=(-3, 4)$ (4) $(x, y)=(9, 2)$
(5) $(x, y)=(12, 7)$ (6) $(x, y)=(-4, -1)$
(7) $(x, y)=(7, 15)$ (8) $(x, y)=(-3, 8)$

2 (1) $(x, y)=(-2, -1)$ (2) $(x, y)=(6, 2)$
(3) $(x, y)=(3, 4)$ (4) $(x, y)=(4, -3)$

練習問題の解説

2 (1) $\begin{cases} 2x+3y=-7\cdots① \\ 3y=2x+1\cdots② \end{cases}$

②を①に代入して，$2x+(2x+1)=-7$

$$4x=-8$$
$$x=-2$$

$x=-2$ を②に代入して，$3y=-4+1$

$$3y=-3 \quad y=-1$$

(4) $\begin{cases} 2x=-3y-1\cdots① \\ 2x=-2y+2\cdots② \end{cases}$

①，②より，$-3y-1=-2y+2$

$$-y=3 \quad y=-3$$

$y=-3$ を①に代入して，$2x=-3\times(-3)-1$

$$2x=8 \quad x=4$$

3　分数や小数のある連立方程式

確認問題 ───────── 26 ページ

1 (1) $(x,\ y)=(3,\ 2)$　(2) $(x,\ y)=(2,\ 1)$

(3) $(x,\ y)=(4,\ 6)$　(4) $(x,\ y)=(7,\ 4)$

2 (1) $(x,\ y)=(1,\ -1)$ (2) $(x,\ y)=(3,\ -2)$

(3) $(x,\ y)=(4,\ -2)$ (4) $(x,\ y)=(5,\ -5)$

練習問題 ───────── 27 ページ

1 (1) $(x,\ y)=(-1,\ 3)$ (2) $(x,\ y)=(-2,\ -3)$

(3) $(x,\ y)=(6,\ 4)$　(4) $(x,\ y)=(-2,\ 12)$

2 (1) $(x,\ y)=(2,\ 3)$　(2) $(x,\ y)=(-1,\ 2)$

(3) $(x,\ y)=(2,\ 1)$　(4) $(x,\ y)=(2,\ 6)$

3 (1) $(x,\ y)=(2,\ -3)$ (2) $(x,\ y)=(3,\ -10)$

練習問題の解説

3 (1) $\begin{cases} \dfrac{x+1}{2}+\dfrac{y-2}{3}=-\dfrac{1}{6}\cdots① \\ 2x+y=1\cdots② \end{cases}$

①の両辺に 6 をかけると，

$$3(x+1)+2(y-2)=-1$$
$$3x+3+2y-4=-1$$
$$3x+2y=0\cdots③$$

$\begin{array}{r} ③\qquad 3x+2y=0 \\ ②\times 2\quad -)\ 4x+2y=2 \\ \hline -x\qquad\ =-2\quad x=2 \end{array}$

$x=2$ を②に代入して，$4+y=1 \quad y=-3$

---

(2) $\begin{cases} 0.2x+0.03y=0.3\cdots① \\ 3x+y=-1\cdots② \end{cases}$

①の両辺に 100 をかけると，

$$20x+3y=30\cdots③$$

$\begin{array}{r} ③\qquad 20x+3y=30 \\ ②\times 3\quad -)\ 9x+3y=-3 \\ \hline 11x\qquad\ =33\quad x=3 \end{array}$

$x=3$ を②に代入して，$9+y=-1 \quad y=-10$

4　いろいろな連立方程式

確認問題 ───────── 28 ページ

1 (1) $(x,\ y)=(2,\ 1)$　(2) $(x,\ y)=(1,\ 4)$

(3) $(x,\ y)=(2,\ -1)$ (4) $(x,\ y)=(-3,\ -2)$

2 (1) $(x,\ y)=(3,\ -1)$ (2) $(x,\ y)=(2,\ -4)$

練習問題 ───────── 29 ページ

1 (1) $(x,\ y)=(3,\ 1)$　(2) $(x,\ y)=(-1,\ -2)$

(3) $(x,\ y)=(6,\ -2)$ (4) $(x,\ y)=(2,\ 5)$

(5) $(x,\ y)=(2,\ 7)$　(6) $(x,\ y)=(5,\ 1)$

2 (1) $(x,\ y)=(6,\ 4)$　(2) $(x,\ y)=(3,\ 5)$

3 $(x,\ y)=(4,\ -3)$

練習問題の解説

1 (5) $\begin{cases} -2(x-y)=3x+4 \\ 3x+2(3-y)=-2 \end{cases}$

かっこをはずして式を整理すると，

$$\begin{cases} -5x+2y=4\cdots① \\ 3x-2y=-8\cdots② \end{cases}$$

①+②より，$-2x=-4 \quad x=2$

$x=2$ を①に代入して，$-10+2y=4$

$$2y=14 \quad y=7$$

3 $2(x-3)+4y=-x+3(y+1)=-10$ より，

$$\begin{cases} 2(x-3)+4y=-10 \\ -x+3(y+1)=-10 \end{cases}$$

かっこをはずして式を整理すると，

$$\begin{cases} 2x+4y=-4\cdots① \\ -x+3y=-13\cdots② \end{cases}$$

$\begin{array}{r} ①\qquad\quad 2x+4y=-4 \\ ②\times 2\quad +)\ -2x+6y=-26 \\ \hline 10y=-30\quad y=-3 \end{array}$

$y=-3$ を①に代入して，$2x-12=-4$

$$2x=8 \quad x=4$$

5 連立方程式の利用①

確認問題 ──────── 30 ページ

1 (1) $\begin{cases} 4x+3y=640 \\ 6x+5y=1040 \end{cases}$

(2) みかん　40 円　　りんご　160 円

練習問題 ──────── 31 ページ

1 (1) A　60 円　　B　80 円

(2) 63 円切手　12 枚　　84 円切手　6 枚

(3) 大人　1200 円　　子ども　400 円

練習問題の解説

1 (1) A 1 冊を x 円，B 1 冊を y 円とすると，

$\begin{cases} 5x+4y=620 & \cdots① \\ 7x+9y=1140 & \cdots② \end{cases}$

①×7　　　 $35x+28y=4340$

②×5　$-)\ 35x+45y=5700$

　　　　　　　　$-17y=-1360$　　$y=80$

$y=80$ を①に代入して，$5x+320=620$

　　　　　　　　　　　$5x=300$

　　　　　　　　　　　　$x=60$

$x=60$，$y=80$ は問題に適している。

　　よって，A 1 冊は 60 円，B 1 冊は 80 円

(2) 63 円切手を x 枚，84 円切手を y 枚とすると，

$\begin{cases} x+y=18 & \cdots① \\ 63x+84y=1260 & \cdots② \end{cases}$

①×3　　　 $3x+3y=54$

②÷21　$-)\ 3x+4y=60$

　　　　　　　$-y=-6$　　$y=6$

$y=6$ を①に代入して，$x+6=18$　$x=12$

$x=12$，$y=6$ は問題に適している。

　　よって，63 円切手は 12 枚，

　　　　　　 84 円切手は 6 枚

(3) 大人 1 人の入館料を x 円，子ども 1 人の入館料を y 円とすると，

$\begin{cases} 250x+400y=460000 & \cdots① \\ 300x+500y=560000 & \cdots② \end{cases}$

①×5　　　 $1250x+2000y=2300000$

②×4　$-)\ 1200x+2000y=2240000$

　　　　　　　$50x\qquad\ =60000$

　　　　　　　　　　$x=1200$

$x=1200$ を②に代入して，

$360000+500y=560000$

　　　　　$500y=200000$　　$y=400$

$x=1200$，$y=400$ は問題に適している。

よって，大人 1 人の入館料は 1200 円，

子ども 1 人の入館料は 400 円

6 連立方程式の利用②

確認問題 ──────── 32 ページ

1 (1) （ア）150　（イ）$\dfrac{x}{30}$　（ウ）$\dfrac{y}{40}$

（エ）4

(2) $\begin{cases} x+y=150 \\ \dfrac{x}{30}+\dfrac{y}{40}=4 \end{cases}$

(3) A 市から B 市まで　30km

　　B 市から C 市まで　120km

練習問題 ──────── 33 ページ

1 (1) 歩いた道のり　660m

　　走った道のり　1440m

(2) 時速 14km で走った道のり　21km

　　時速 12km で走った道のり　12km

(3) 家からバス停まで　1.6km

　　バス停から P 町まで　28.4km

練習問題の解説

1 (1) 歩いた道のりを xm，走った道のりを ym とすると，

$\begin{cases} x+y=2100 & \cdots① \\ \dfrac{x}{60}+\dfrac{y}{160}=20 & \cdots② \end{cases}$

②の両辺に 480 をかけると，

$8x+3y=9600\cdots③$

①×3　　　 $3x+3y=6300$

③　　　$-)\ 8x+3y=9600$

　　　　　$-5x\qquad =-3300$　　$x=660$

$x=660$ を①に代入して，$660+y=2100$

　　　　　　　　　　　　　$y=1440$

$x=660$，$y=1440$ は問題に適している。

よって，歩いた道のりは 660m，走った道のりは 1440m

(2) 時速14kmと時速12kmで走った道のりを

それぞれ $x$km, $y$km とすると,

$$\begin{cases} x+y=33 & \cdots① \\ \dfrac{x}{14}+\dfrac{y}{12}=2.5 & \cdots② \end{cases}$$

②の両辺に84をかけると,

$6x+7y=210$ …③

①×7　　$7x+7y=231$

③　　$-)\ 6x+7y=210$

　　　　　$x\ \ \ \ =21$

$x=21$ を①に代入して, $21+y=33$　$y=12$

$x=21$, $y=12$ は問題に適している。

よって, 時速14km で走った道のりは21km,

時速12km で走った道のりは12km

(3) バスの速さは, $36000÷60=600$ より, 分

速600mである。家からバス停までの道のり

を xm, バス停からP町までの道のりを ym

とすると,

$$\begin{cases} x+y=30000 & \cdots① \\ \dfrac{x}{60}+\dfrac{y}{600}=74 & \cdots② \end{cases}$$

②の両辺に600をかけると,

$10x+y=44400$ …③

③－①より, $9x=14400$　$x=1600$

$x=1600$ を①に代入すると, $1600+y=30000$

　　　　　　　　　　　　　　　$y=28400$

$x=1600$, $y=28400$ は問題に適している。

$1600\text{m}=1.6\text{km}$, $28400\text{m}=28.4\text{km}$ より,

家からバス停までの道のりは1.6km, バス停

からP町までの道のりは28.4km

第3章　1次関数

1　1次関数の式

確認問題 ──────── 34 ページ

1　イ, エ, オ

2　ア $y=x^2$　イ $y=2x$　ウ $y=-4x+12$

エ $y=\dfrac{60}{x}$　オ $y=50x+200$

1次関数であるもの　イ, ウ, オ

3　ア -3　イ 1　ウ 7

練習問題 ──────── 35 ページ

1　ア $y=\dfrac{15}{x}$　イ $y=3x$

ウ $y=-180x+1000$　エ $y=3x+20$

オ $y=-x+15$

1次関数であるもの　イ, ウ, エ, オ

2　(1)①　ア -5　イ -3　ウ 3

②　11

(2)①　ア 8　イ -1　ウ -4

②　-22　③　-5

練習問題の解説

2　(1)①　ア $\cdots 2×(-2)-1=-5$

イ $\cdots 2×(-1)-1=-3$

ウ $\cdots 2×2-1=3$

②　$2×6-1=11$

(2)①　ア $\cdots -3×(-1)+5=8$

イ $\cdots -3×2+5=-1$

ウ $\cdots -3×3+5=-4$

②　$-3×9+5=-22$

③　$20=-3x+5$　$3x=-15$　$x=-5$

2　変化の割合

確認問題 ──────── 36 ページ

1　(1) 2　　　　　(2) 3

2　(1)①　2　　②　4

(2)①　-3　　②　-2

3　(1) 2　　　　　(2) -3

練習問題 ──────── 37 ページ

1　(1)①　4　②　2

(2)①　-2　②　3

(3)①　2　②　6

(4)①　-4　②　$-\dfrac{3}{2}$

2　(1) -3　(2) 2　(3) $\dfrac{5}{2}$　(4) $-\dfrac{2}{3}$

3　(1) 2　　　　　(2) $-\dfrac{2}{3}$

練習問題の解説

3　(1) $\dfrac{0-(-4)}{1-(-1)}=2$　(2) $\dfrac{5-7}{1-(-2)}=-\dfrac{2}{3}$

3 1次関数のグラフ

確認問題 ────────── 38 ページ

 3, 3, 2, 2, 5, 1, −1

2 −1, −1, 2, 3, 3, 3, 1

練習問題 ────────── 39 ページ

1 (1)

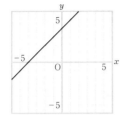

(2)

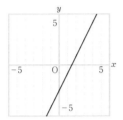

(3)

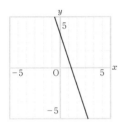

(4)

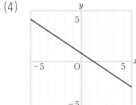

2 (1)① $y=-x+4$ ② $y=2x+1$

(2)① $y=3x-2$ ② $y=\dfrac{1}{3}x+2$

(3)① $y=\dfrac{1}{2}x-3$ ② $y=-4x+4$

(4)① $y=-\dfrac{3}{4}x-1$ ② $y=-3x+1$

4 1次関数の式の決定

確認問題 ────────── 40 ページ

1 (1) $y=5x-11$ (2) $y=-3x+11$

(3) $y=4x+5$ (4) $y=\dfrac{1}{2}x-\dfrac{1}{2}$

2 (1) $y=3x-2$ (2) $y=-5x+3$

3 ① $y=\dfrac{1}{2}x-\dfrac{3}{2}$ ② $y=-\dfrac{2}{3}x+\dfrac{8}{3}$

練習問題 ────────── 41 ページ

1 (1) $y=3x+5$ (2) $y=-\dfrac{1}{2}x+\dfrac{7}{2}$

(3) $y=-2x-1$ (4) $y=2x-3$

(5) $y=\dfrac{2}{3}x+4$ (6) $y=-x-3$

2 (1) $y=2x+4$ (2) $y=-3x+1$

(3) $y=\dfrac{1}{2}x+6$ (4) $y=-\dfrac{2}{3}x+\dfrac{7}{3}$

3 ① $y=-\dfrac{3}{2}x+\dfrac{1}{2}$ ② $y=\dfrac{3}{4}x-\dfrac{1}{4}$

練習問題の解説

1 (1) 変化の割合が3だから，求める式を
$y=3x+b$ とおき，$x=-2$，$y=-1$ を代入すると，$-1=-6+b$　$b=5$
よって，$y=3x+5$

(6) 平行な直線は傾きが等しいから，求める式を $y=-x+b$ とおき，$x=2$，$y=-5$ を代入すると，$-5=-2+b$　$b=-3$
よって，$y=-x-3$

2 (1) 傾き$=\dfrac{6-0}{1-(-2)}=2$
$y=2x+b$ に $x=1$，$y=6$ を代入すると，
$6=2+b$　$b=4$　よって，$y=2x+4$
（別解）　求める式を $y=ax+b$ とおき，
$x=-2$，$y=0$ と，$x=1$，$y=6$ を代入して，a，b についての連立方程式をつくると，
$$\begin{cases} 0=-2a+b\cdots① \\ 6=a+b\quad\cdots② \end{cases}$$
②−①より，$6=3a$　$a=2$
$a=2$ を②に代入して，$b=4$
よって，$y=2x+4$

3 ① グラフは，2点$(-1,\ 2)$，$(1,\ -1)$ を通っているので，傾き$=\dfrac{-1-2}{1-(-1)}=-\dfrac{3}{2}$
$y=-\dfrac{3}{2}x+b$ に $x=1$，$y=-1$ を代入すると，
$-1=-\dfrac{3}{2}+b$　$b=\dfrac{1}{2}$
よって，$y=-\dfrac{3}{2}x+\dfrac{1}{2}$

5　1次関数と方程式

確認問題 ──────── 42 ページ

1　$2x+4$,　4,　-2,　0,　4,　-2,　0,　2,　4

2　(1)

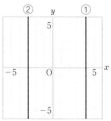

(2)

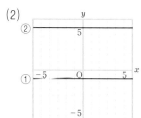

練習問題 ──────── 43 ページ

1　(1)

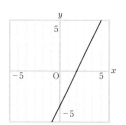

(2)

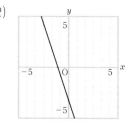

(3)

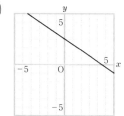

(4)

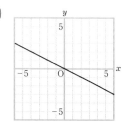

(5)

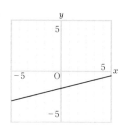

(6)

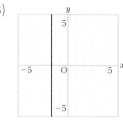

(7)

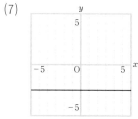

(8)

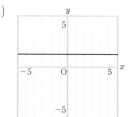

6　連立方程式とグラフ

確認問題 ──────── 44 ページ

1　(1)　$(1,\ 2)$

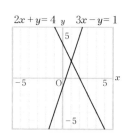

(2)　$(2,\ -1)$

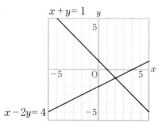

2　$\left(\dfrac{2}{5},\ \dfrac{9}{5}\right)$

1 (1) $(3, -2)$

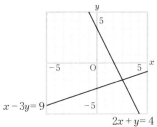

(2) $(4, -3)$

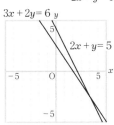

2 (1) $\left(\dfrac{8}{7}, -\dfrac{9}{7}\right)$ (2) $(12, 1)$

練習問題の解説

2 (1) 直線 ℓ は，2点$(0, -3)$，$(2, 0)$を通っているので，傾き$=\dfrac{0-(-3)}{2-0}=\dfrac{3}{2}$，

切片は-3 よって，$y=\dfrac{3}{2}x-3\cdots$①

直線 m は，2点$(0, 1)$，$(2, -3)$を通っているので，傾き$=\dfrac{-3-1}{2-0}=-2$，切片は1

よって，$y=-2x+1\cdots$②

①，②より，$\dfrac{3}{2}x-3=-2x+1$ $x=\dfrac{8}{7}$

$x=\dfrac{8}{7}$を②に代入して，

$y=-2\times\dfrac{8}{7}+1=-\dfrac{9}{7}$

よって，$\left(\dfrac{8}{7}, -\dfrac{9}{7}\right)$

(2) 直線 ℓ は，2点$(0, -3)$，$(3, -2)$を通っているので，傾き$=\dfrac{-2-(-3)}{3-0}=\dfrac{1}{3}$，

切片は-3 よって，$y=\dfrac{1}{3}x-3\cdots$①

直線 m は，2点$(0, 4)$，$(4, 3)$を通っているので，傾き$=\dfrac{3-4}{4-0}=-\dfrac{1}{4}$，切片は4

よって，$y=-\dfrac{1}{4}x+4\cdots$②

①，②より，$\dfrac{1}{3}x-3=-\dfrac{1}{4}x+4$ $x=12$

$x=12$を①に代入して，$y=\dfrac{1}{3}\times12-3=1$

よって，$(12, 1)$

---

7 1次関数の利用①

1 (1)

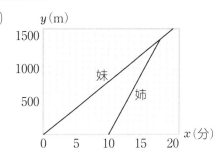

(2) 9時18分

1 (1)

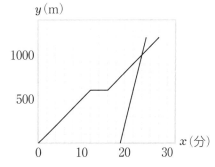

(2) 分速50m (3) 24分後

2 (1) Aさん $y=-60x+1800$

　　お姉さん $y=80x-160$

(2) 14分後

練習問題の解説

1 (2) $600\div12=50$より，分速50m

(3) 買い物をした後，弟が進むようすを表すグラフの傾きは50だから，$y=50x+b$とおく。

$x=16$，$y=600$を代入すると，

$600=50\times16+b$より，$b=-200$

よって，$y=50x-200\cdots$①

兄が進むようすを表すグラフの傾きは200だから，$y=200x+b'$とおく。

$x=19$，$y=0$を代入すると，

$0=200\times19+b'$ $b'=-3800$

よって，$y=200x-3800\cdots$②

①，②より，$50x-200=200x-3800$

$x=24$ よって，24分後。

2 (1) Aさんの速さは，$1800\div30=60$より，分速60mだから，Aさんが進むようすを表すグラフの傾きは-60，切片は1800

よって，$y=-60x+1800\cdots$①

お姉さんの速さは，$1800÷(24.5-2)=80$

より，分速80mだから，$y=80x+b$ とおく。

$x=2$，$y=0$ を代入すると，

$0=80×2+b$　$b=-160$

よって，お姉さんが進むようすを表すグラフ

の式は，$y=80x-160\cdots$②

(2) ①，②より，$-60x+1800=80x-160$

　$x=14$　よって，14分後。

8　1次関数の利用②

確認問題　——— 48ページ

1 (1)① $0≦x≦3$　$y=2x$

　　② $3≦x≦7$　$y=6$

　　③ $7≦x≦10$　$y=-2x+20$

(2)
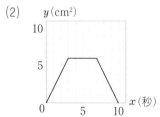

練習問題　——— 49ページ

1 (1)① $0≦x≦4$　$y=4x$

　　② $4≦x≦6$　$y=16$

　　③ $6≦x≦10$　$y=-4x+40$

(2)
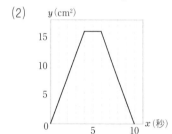

2 (1)① $0≦x≦8$　$y=3x$

　　② $8≦x≦14$　$y=-4x+56$

(2)
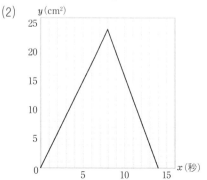

練習問題の解説

1 (1)①　点Pは，

$8÷2=4$（秒後）に点C

に達するので，

x の変域は，$0≦x≦4$

$AB=4cm$，$BP=2xcm$

なので，

$△ABP=\dfrac{1}{2}×4×2x$

　　　$=4x$（cm²）

$y=4x$

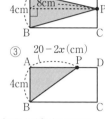

②　点Pは，

$(8+4)÷2=6$（秒後）に点Dに達するので，

x の変域は，$4≦x≦6$

$△ABP$ の底辺は4cm，高さは8cmなので，

$△ABP=\dfrac{1}{2}×4×8=16$（cm²）　$y=16$

③　点Pは，$(8×2+4)÷2=10$（秒後）に点

Aに達するので，x の変域は，$6≦x≦10$

$AB=4cm$，$AP=20-2x$（cm）なので，

$△ABP=\dfrac{1}{2}×4×(20-2x)$

　　　$=-4x+40$（cm²）　$y=-4x+40$

(2) $x=4$ のとき，$y=4×4=16$

　$x=6$ のとき，$y=16$

　$x=10$ のとき，$y=-4×10+40=0$

　よって，グラフは，原点，$(4，16)$，$(6，16)$，

　$(10，0)$ の各点を直線で結んだものになる。

2 (1)①　点Pは8秒後に頂

点Cに達するので，

x の変域は，$0≦x≦8$

$BP=xcm$，

$AC=6cm$ なので，

$△ABP=\dfrac{1}{2}×x×6$

　　　$=3x$（cm²）　$y=3x$

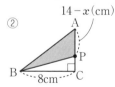

②　点Pは，$8+6=14$（秒後）に頂点Aに達

するので，x の変域は，$8≦x≦14$

$AP=14-x$（cm），$BC=8cm$ なので，

$△ABP=\dfrac{1}{2}×(14-x)×8$

　　　　　$=-4x+56$（cm²）　$y=-4x+56$

(2) $x=8$ のとき，$y=3×8=24$

　$x=14$ のとき，$y=-4×14+56=0$

よって, グラフは, 原点, (8, 24), (14, 0)
を直線で結んだものになる。

第 4 章 図形の性質と合同

1 平行線と角

確認問題 ─────── 50 ページ

1 (1) ∠c (2) ∠e (3) ∠h
2 (1) ∠a=75°, ∠b=80°
  (2) ∠a=60°, ∠b=45°

練習問題 ─────── 51 ページ

1 (1)① ∠g ② ∠d ③ ∠c
  (2)① ∠d ② ∠a ③ ∠b
2 (1)① 70° ② 100° ③ 100°
  (2)① 116° ② 105°
3 (1)① 45° ② 60° ③ 105°
  (2) 55°

練習問題の解説

3 (1)③ ∠c=45°+60°=105°
  (2) ∠a=25°+30°=55°

2 多角形の角

確認問題 ─────── 52 ページ

1 (1) 40° (2) 120° (3) 52°
2 (1) 鋭角三角形 (2) 鈍角三角形
  (3) 直角三角形
3 (1) 45°

練習問題 ─────── 53 ページ

1 (1) 118° (2) 122°
  (3) 47° (4) 135°
2 (1) 1440° (2) 160°
  (3) 九角形 (4) 3240°
3 (1) 65° (2) 155°
  (3) 70° (4) 134°
4 (1) 25° (2) 37°

練習問題の解説

2 (2) 180°×(18−2)÷18=160°
  (3) n 角形とすると, 180°×(n−2)=1260°
    n−2=7 n=9 よって, 九角形。
  (4) 360°÷18=20 より, 二十角形である。
    内角の和は, 180°×(20−2)=3240°

3 (2) 2つの三角形に分けて外角の性質より
    ∠x=100°+23°+32°=155°
  (3) 720°−(138°+104°+150°
                    +110°+108°)=110°
    ∠x=180°−110°=70°
  (4) 98°の角の外角の大きさは, 180°−98°=82°
    ∠x の外角の大きさは,
    360°−(80°+82°+74°+78°)=46°
    ∠x=180°−46°=134°

4 (1) ∠a=180°−(62°+47°)
    =71°
    対頂角は等しいので,
    ∠b=71°
    よって, ∠x=180°−(71°+84°)=25°

  (2) ℓ//m より, 錯角は
    等しいので,
    ∠c=54°
    よって,
    ∠x=∠c−17°
    =54°−17°=37°

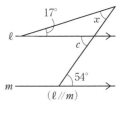

3 三角形の合同

確認問題 ─────── 54 ページ

1 (1) 7cm (2) 9cm
  (3) 45° (4) 106°
2 (1) 1 組の辺とその両端の角がそれぞれ等しい。
  (2) 3 組の辺がそれぞれ等しい。
  (3) 2 組の辺とその間の角がそれぞれ等しい。

練習問題 ─────── 55 ページ

1 (1)① 6cm ② 48° ③ 56°
  (2)① 57° ② 8cm ③ 9cm
2 △ABC≡△ONM 2 組の辺とその間の
  角がそれぞれ等しい。
  △DEF≡△UST 1 組の辺とその両端の
  角がそれぞれ等しい。
  △GHI≡△XWV 3 組の辺がそれぞれ等しい。
  △JKL≡△RQP 1 組の辺とその両端の
  角がそれぞれ等しい。

11

4 証明

確認問題 ──────── 56 ページ

1 (1) 仮定 △ABC≡△DEF
　　結論 ∠A=∠D
(2) 仮定 ある数が4の倍数である
　　結論 ある数は偶数である

2 ABC，DCB，BC，BC，1組の辺とその両端の角がそれぞれ等しい，A，D

練習問題 ──────── 57 ページ

1 (1) 仮定 △ABC において，AB=AC
　　である
　　　　結論 ∠B=∠C
(2) 仮定 ある四角形の4辺の長さが等しい
　　結論 ある四角形はひし形である

2 (1) DE，CE，対頂角，DEC，2組の辺とその間の角がそれぞれ等しい
(2) AB，AD，BD，DB，3組の辺がそれぞれ等しい，ADB，CBD

3 (証明) △ABD と△ACE において，
仮定より，AB=AC…①
　　　　　　AD=AE…②
共通な角だから，∠BAD=∠CAE…③
①，②，③より，2組の辺とその間の角がそれぞれ等しいから，
△ABD≡△ACE
合同な図形の対応する辺は等しいから，
BD=CE

第5章 三角形と四角形

1 三角形

確認問題 ──────── 58 ページ

1 (1) 50°　(2) 96°　(3) 44°
(4) 98°　(5) 50°　(6) 117°

練習問題 ──────── 59 ページ

1 (1) 44°　(2) 124°　(3) 32°
(4) 102°　(5) 76°　(6) 76°
(7) 72°　(8) 30°　(9) 75°

2 (1) 105°　　　(2) 58°

練習問題の解説

2 (1) ∠BAC は，頂角が
40°の二等辺三角形の
底角だから，
∠BAC
=(180°−40°)÷2
=70°
∠BAD=70°÷2=35°
∠x=180°−(40°+35°)=105°

(AB=BC，∠BAD=∠CAD)

(2) ∠DBC と∠DCB は，
頂角が122°の二等辺三角
形の底角だから，
∠DBC=∠DCB
=(180°−122°)÷2=29°
(AB=AC，DB=DC)
∠ABC=∠ACB=29°+32°=61°
∠x=180°−61°×2=58°

2 二等辺三角形になるための条件

確認問題 ──────── 60 ページ

1 (1) AB=DE ならば，△ABC≡△DEF
である。正しくない。
(2) 内角の和が360°である多角形は，
四角形である。正しい。

2 ABD，B，BAD，ADB，AD，AD，1
組の辺とその両端の角がそれぞれ等しい，
ABD

練習問題 ──────── 61 ページ

1 (1) 3つの角の大きさが等しい三角形は，
正三角形である。正しい。
(2) 2つの数 a，b について，$a^2>b^2$ な
らば，$a>b$ である。正しくない。

2 DCB，AB，AC，CB，2組の辺とその
間の角がそれぞれ等しい，PBC，PCB

3 (証明) △ABD と△ACE において，
仮定より，AB=AC…①
　　　　∠B=∠C…②
　　　　∠BAD=∠CAE…③
①，②，③より，1組の辺とその両端の角
がそれぞれ等しいから，△ABD≡△ACE

合同な図形の対応する辺の長さは等しいから，△ADE において，AD＝AE
よって，△ADE は二等辺三角形である。

3 直角三角形の合同条件

確認問題 —————— 62 ページ

1 △ABC≡△OMN　斜辺と1つの鋭角がそれぞれ等しい。
△DEF≡△LKJ　斜辺と他の1辺がそれぞれ等しい。
△GHI≡△QRP　斜辺と1つの鋭角がそれぞれ等しい。

2 OBP，POB，OP，OP，斜辺と1つの鋭角がそれぞれ等しい

練習問題 —————— 63 ページ

1 △ABC≡△WXV　斜辺と他の1辺がそれぞれ等しい。
△GHI≡△RPQ　斜辺と1つの鋭角がそれぞれ等しい。
△MNO≡△UST　斜辺と1つの鋭角がそれぞれ等しい。

2 BDE，DB，BE，BE，斜辺と他の1辺がそれぞれ等しい

3 （証明）　△ABE と△CDF において，
仮定より，∠AEB＝∠CFD＝90°…①
長方形の向かい合う辺は等しいから，
AB＝CD…②
AB∥DC より，錯角は等しいから，
∠ABE＝∠CDF…③
①，②，③より，直角三角形の斜辺と1つの鋭角がそれぞれ等しいから，
△ABE≡△CDF　よって，AE＝CF

4 平行四辺形の性質

確認問題 —————— 64 ページ

1 (1)　64　　(2)　9　　(3)　3
(4)　132　　(5)　50　　(6)　10

練習問題 —————— 65 ページ

1 (1)　$x＝75$，$y＝9$　(2)　$x＝135$，$y＝45$
(3)　$x＝8$，$y＝8$　(4)　$x＝58$，$y＝7$

(5)　$x＝4$，$y＝60$　(6)　$x＝115$，$y＝30$

2 (1)　114°　　(2)　3

練習問題の解説

1 (6)　∠a＝180°－65°＝115°
平行四辺形の対角は等しいので，x＝115
平行線の同位角は等しいので，∠b＝65°　∠c＝65°－35°＝30°
平行線の錯角は等しいので，y＝30

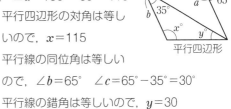
平行四辺形

2 (1)　平行線の錯角は等しいので，∠a＝48°
∠b は頂角が48°の二等辺三角形の底角なので，
∠b＝(180°－48°)÷2＝66°
よって，∠a＋∠b＝48°＋66°＝114°
平行線の対角は等しいので，x＝114

(2)　AE と BC の交点を F とする。対頂角，平行線の錯角は等しいので，右の図のようになる。△BAF において，
BA＝BF＝6cm　FC＝9－6＝3(cm)
△CFE において，CE＝CF＝3cm
よって，x＝3

5 平行四辺形になるための条件

確認問題 —————— 66 ページ

1 ア，エ
2 (1)　ひし形　　(2)　長方形

練習問題 —————— 67 ページ

1 ア　対角線がそれぞれの中点で交わる。
イ　1組の対辺が平行で等しい。
ウ　2組の対角が等しい。

2 (1)　ひし形　(2)　長方形　(3)　正方形

3 それぞれの中点で交わる，OC，OD，CF，OF，対角線がそれぞれの中点で交わる

6　平行線と面積

確認問題 ——————— 68 ページ

1 (1)　△ACD　　　(2)　△BEC

2

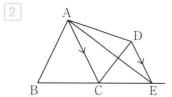

練習問題 ——————— 69 ページ

1 (1)　△ABD, △BCD　　(2)　△ACD

(3)　△BFD, △ABF

(4)　△EAC, △DEF

(5)　△DBE, △DBF, △AFD

(6)　△DBC, △ABD, △AFD, △ACD

2

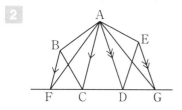

練習問題の解説

1 (5)　BE が共通で，AD∥BC より，

　　△ABE＝△DBE

　　DB が共通で，BD∥EF より，

　　△DBE＝△DBF

　　DF が共通で，AB∥DC より，

　　△DBF＝△AFD

(6)　BC が共通で，AD∥BF より，

　　△ABC＝△DBC

　　平行四辺形は 1 本の対角線で合同な 2 つの三角形に分けられるから，△DBC＝△ABD

　　AD が共通で，AD∥BF より，

　　△ABD＝△AFD＝△ACD

1　四分位数と四分位範囲

確認問題 ——————— 70 ページ

1 (1)　10

(2)　第 1 四分位数　6

　　第 3 四分位数　15

2 (1)　1 2 3 3 4 5 6 6 7 9 9 10

(2)　第 1 四分位数　3

　　第 2 四分位数（中央値）　5.5

　　第 3 四分位数　8

(3)　5

練習問題 ——————— 71 ページ

1 (1)　第 1 四分位数　14.5

　　第 2 四分位数（中央値）　20

　　第 3 四分位数　24

(2)　9.5

2 (1)　グループ A　4.5

　　グループ B　6

(2)　グループ B

3 (1)　40 台以上 50 台未満

(2)　第 1 四分位数　30 台以上 40 台未満

　　第 3 四分位数　50 台以上 60 台未満

練習問題の解説

1 (1)　第 1 四分位数 ＝(14+15)÷2=14.5

　　第 3 四分位数 ＝(24+24)÷2=24

(2)　四分位範囲=24−14.5=9.5

2 (1)　グループ A の四分位範囲＝ 8−3.5=4.5

　　グループ B の四分位範囲＝ 9−3=6

3 (1)　データの小さい方から 15 番目と 16 番目の平均が中央値となる。よって 40 台以上 50 台未満の階級にふくまれる。

(2)　第 1 四分位数は小さい方からちょうど 8 番目の値，第 3 四分位数は大きい方からちょうど 8 番目の値となる。

2 箱ひげ図とその利用

確認問題 ——————— 72 ページ

1　(1)　第1四分位数 3
　　　　第2四分位数(中央値) 5
　　　　第3四分位数 7

　　(2)

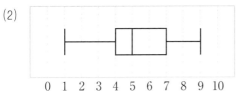

　　　　0　1　2　3　4　5　6　7　8　9　10

2　(1)　第1四分位数 3
　　　　第2四分位数(中央値) 5
　　　　第3四分位数 8

　　(2)　5

練習問題 ——————— 73 ページ

1　(1)

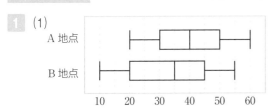

A 地点
B 地点

　　　　10　20　30　40　50　60

　　(2)　B 地点

2　(1)　日替わり定食
　　(2)　こってりラーメン
　　(3)　日替わり定食，スパイシーカレー
　　(4)　ふんわりオムライス

3　②

練習問題の解説

2　(3)　中央値が 25 以上のものを選べばよい。
　　(4)　第1四分位数が 15 未満のものを選べばよい。

3　第1四分位数が 8 以上 10 未満, 中央値が 12 以上 14 未満のものを選べばよい。

第7章　確率

1 確率とは

確認問題 ——————— 74 ページ

1　(1)　$\dfrac{1}{6}$　　　　(2)　$\dfrac{1}{2}$

2　(1)

1回目　2回目　1回目　2回目
　　　　　○　　　　　　　(○)
○ ＜
　　　　　(×)　×＜
　　　　　　　　　　　　　(×)

　　(2)　$\dfrac{1}{2}$

練習問題 ——————— 75 ページ

1　(1)　$\dfrac{1}{13}$　　(2)　$\dfrac{1}{4}$　　(3)　$\dfrac{3}{13}$

2　(1)

表＜表＜表 / 裏　裏＜表＜表 / 裏
　　　裏＜表 / 裏　　　裏＜表 / 裏　　8 通り

　　(2)　$\dfrac{1}{8}$　　　　(3)　$\dfrac{3}{8}$

3　(1)　2 通り　(2)　6 通り　(3)　$\dfrac{2}{3}$

練習問題の解説

1　(3)　絵札は全部で，$3×4=12$(枚)　$\dfrac{12}{52}=\dfrac{3}{13}$

3　(2)　123, 132, 213, 231, 312, 321 の 6 通り。
　　(3)　奇数は 4 通りだから，$\dfrac{4}{6}=\dfrac{2}{3}$

2 いろいろな確率①

確認問題 ——————— 76 ページ

1　(1)　36 通り　(2)　$\dfrac{1}{9}$　　(3)　$\dfrac{5}{18}$

　　(4)　$\dfrac{1}{6}$　　(5)　$\dfrac{3}{4}$

練習問題 ——————— 77 ページ

1　(1)

十の位＼一の位	1	2	3	4	5
1	11	12	13	14	15
2	21	22	23	24	25
3	31	32	33	34	35
4	41	42	43	44	45
5	51	52	53	54	55

　　(2)　$\dfrac{2}{5}$　　(3)　$\dfrac{3}{5}$　　(4)　$\dfrac{1}{5}$

2　(1)　$\dfrac{17}{36}$　　(2)　$\dfrac{5}{12}$　　(3)　$\dfrac{5}{12}$

　　(4)　$\dfrac{8}{9}$　　(5)　$\dfrac{3}{4}$

練習問題の解説

2 (1) 　大　小　大　小　大　小　大　小

$$2-6$$
$$3 \Bigg\langle \begin{matrix} 4 \\ 5 \\ 6 \end{matrix} \quad 4 \Bigg\langle \begin{matrix} 3 \\ 4 \\ 5 \\ 6 \end{matrix} \quad 5 \Bigg\langle \begin{matrix} 3 \\ 4 \\ 5 \\ 6 \end{matrix} \quad 6 \Bigg\langle \begin{matrix} 2 \\ 3 \\ 4 \\ 5 \end{matrix}$$

樹形図より，$\dfrac{17}{36}$

(2) 　(大, 小)の順に，(2, 1), (3, 1), (3, 2),

(4, 1), (4, 2), (4, 3), (5, 1), (5, 2),

(5, 3), (5, 4), (6, 1), (6, 2), (6, 3),

(6, 4), (6, 5)の15通りだから，$\dfrac{15}{36}=\dfrac{5}{12}$

(4) 　6の約数は，1, 2, 3, 6である。大小ど

ちらの目も6の約数でないのは，

(4, 4), (4, 5), (5, 4), (5, 5) の4通り。

よって，少なくとも一方の目が6の約数であ

る場合は，36-4=32(通り)

したがって，$\dfrac{32}{36}=\dfrac{8}{9}$

(5) 　大小どちらの目も3以下であるのは，

(1, 1), (1, 2), (1, 3), (2, 1), (2, 2),

(2, 3), (3, 1), (3, 2), (3, 3)の9通り

だから，少なくとも一方の目が4以上になる

場合は，36-9=27(通り)

よって，$\dfrac{27}{36}=\dfrac{3}{4}$

3　いろいろな確率(2)

確認問題 ──────── 78ページ

1 (1)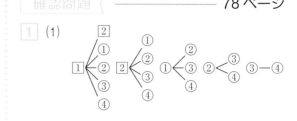

(2) 15通り　(3) $\dfrac{8}{15}$　(4) $\dfrac{3}{5}$

練習問題 ──────── 79ページ

1 (1)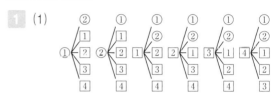

(2) $\dfrac{1}{3}$　　　　(3) $\dfrac{3}{5}$

2 (1)

(2) $\dfrac{4}{21}$　　　　(3) $\dfrac{16}{21}$

練習問題の解説

1 (3) 　2人ともはずれる場合は12通りだから，

少なくとも1人は当たる場合は，

30-12=18(通り)　よって，$\dfrac{18}{30}=\dfrac{3}{5}$